AF366461

À L'AUBE SPIRITUELLE DE L'HUMANITÉ

MARCEL OTTE

À L'AUBE SPIRITUELLE DE L'HUMANITÉ

Une nouvelle approche
de la préhistoire

Ce livre est dédié à la seule spécificité humaine,
celle en quête d'harmonie et de signification,
celle animée par l'audace du savoir, par la volonté inlassable
de rassembler les valeurs dispersées, de dresser des cathédrales,
d'étendre la fulgurance des sonates et des fugues à l'espace,
de se doter d'un destin mûrement planifié, de défier les dieux
ou toutes autres forces que la nature lui aurait opposées.
Cette humanité-là possède une durée immense et sa dignité
doit être reconnue avant autant qu'ailleurs,
car elle a été le moteur de ses perpétuelles transformations
dont la suite nous incombe.

« Nous résignerons-nous à voir dans
l'homme l'animal qui ne peut pas ne pas
vouloir penser un monde qui échappe par
nature à son esprit ? Ou nous souviendrons-
nous que les événements spirituels capi-
taux ont récusé toute prévision ? »

André MALRAUX

« La curiosité du premier homme nous a
été fatale. »

E. M. CIORAN

Excuses à Darwin

Dans ces pages, nous voulons montrer que notre espèce (mais elle n'est pas la seule) s'est progressivement dégagée des lois, bien pesantes et bien ternes, de la reproduction du plus apte en donnant au contraire toute liberté à son imagination, à ses rêves, à sa pensée, loin de ses capacités anatomiques. Excusez-nous, Charles Darwin, car votre théorie si courageuse va ici être mise à mal : nous avons choisi d'écarter les ossements pour nous intéresser à leur fonction et, au-delà, aux treillis de pensée qui les a fait naître, aimer, ouvrir des voies, tester, oser, rêver. Ce ne fut peut-être pas facile, mais durant notre dur siècle de décolonisation (le XXe, qui suivit le vôtre, victorien), il nous a fallu assimiler des systèmes de valeurs totalement différents des nôtres et, sans les exterminer, beaucoup apprendre des populations qui les portaient, telle en particulier la futilité des traditions, la perversion des oppressions, la richesse des goûts, la qualité des émotions, les choix des autres. Surtout les choix peu susceptibles de se laisser contraindre par la sélection naturelle. Ils deviennent chanteurs, poètes (parfois savants libres), épicuriens, ou de

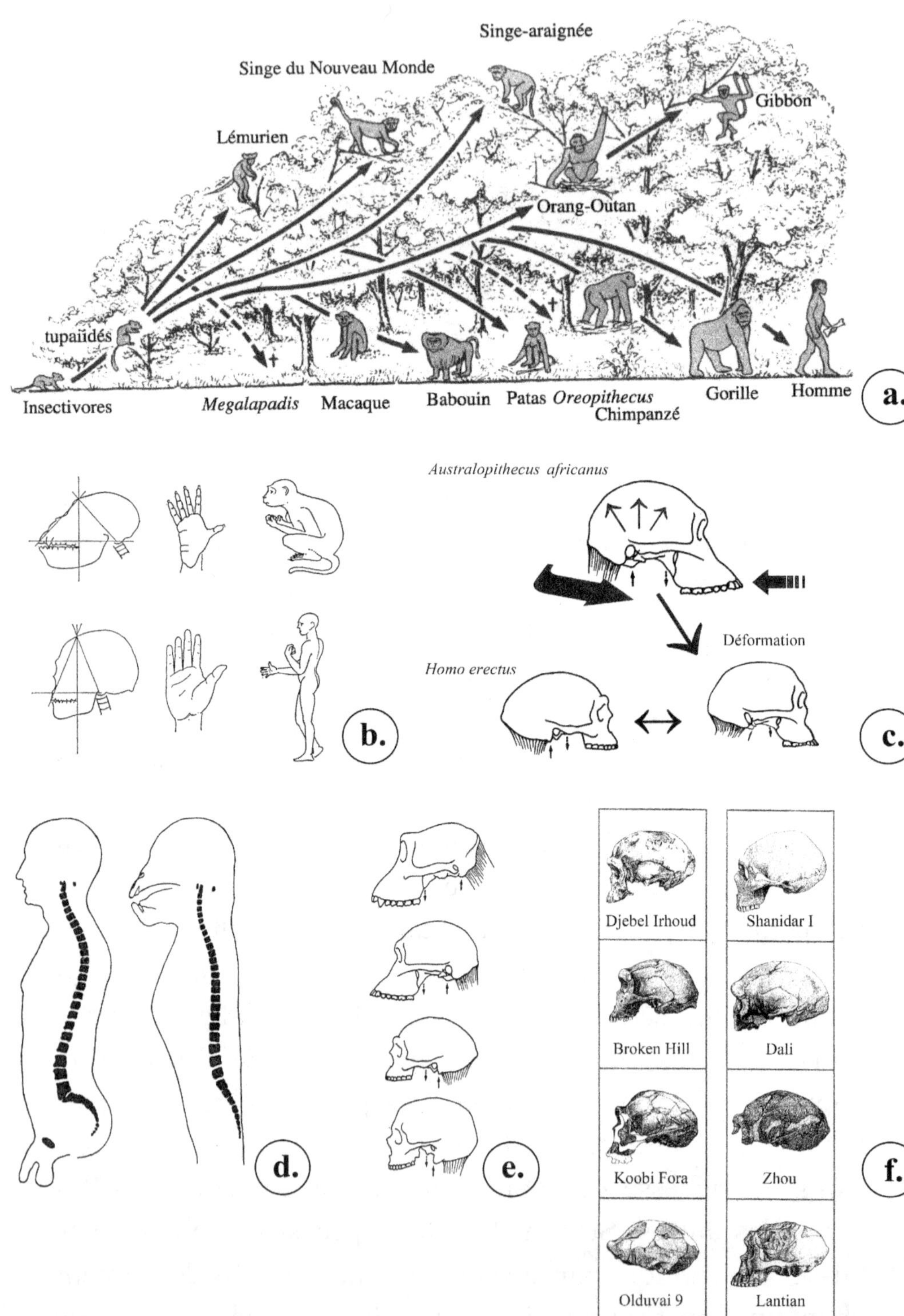
Singe-araignée
Singe du Nouveau Monde
Gibbon
Lémurien
Orang-Outan
tupaiidés
a.
Insectivores
Megalapadis
Macaque
Babouin
Patas
Oreopithecus
Chimpanzé
Gorille
Homme
b.
Australopithecus africanus
Déformation
Homo erectus
c.
d.
e.
Djebel Irhoud
Shanidar I
Broken Hill
Dali
Koobi Fora
Zhou
Olduvai 9
Lantian
f.

Planche 1. Le développement du crâne, le recul de la face, la préhension des mains se fondent sur la réaction mécanique de la bipédie.

En haut (a). La couverture forestière garantit l'apport régulier alimentaire et la protection spontanée. La vision des primates combine le champ de chaque regard afin de créer la perspective. Les modes de déplacement y sont nombreux, de la terre à la cime, vol plané compris. Devant une telle diversité, l'attrait à la surface délaissée fut constant mais fatal : tous les carnivores y rôdent et le primate y est sans défense. La combinaison de concepts et de prévisions des moyens pour y remédier a précédé cette sortie des aires forestières : l'évolution, la culture spirituelle est infiniment plus rapide que l'adaptation biologique. Ces primates bipèdes ont conçu ces astuces avant de les mettre en pratique. La plupart ont échoué durant des millions d'années. Il faut imaginer une combinaison de facteurs culturels adaptés pour que cette transgression définitive ait réussi, peut-être d'ailleurs pas seulement chez l'homme car toute la famille des australopithèques en témoigne également, mais elle finira par s'éteindre sous la pression démographique des hominidés. Un basculement fondamental a changé le milieu et la biologie : dans les steppes ouvertes, les calories végétales sont beaucoup trop rares. Il a fallu se déplacer, et tuer et manger afin de fournir les calories compensatrices aux ressources forestières. Le premier sacrifice fut donc consenti par l'homme, car il était intimement solidaire de cette nature animale, chaude, vivante comme lui. Notre agressivité y tient peut-être ses plus anciens fondements (dessin d'après H. Ulrich, remanié).

Au centre, à gauche (b). La libération locomotrice des membres supérieurs (doigts, bras, mains) acquise par la bipédie, établit un rapport étroit entre la forme du crâne et celle des bras et des pieds. Les fonctions se sont spécialisées et la récolte, l'appréhension et la préparation de la nourriture atrophiaient la mâchoire et aplatissaient la face. C'est un phénomène ostéo-musculaire très simple, logique et universel. Il ne requiert pas de sauts génétiques (remanié d'après Leroi-Gourhan, 1964-1965).

Au centre, à droite (c). Les modifications des structures osseuses restent identiques et fonctionnent toujours : la face recule par atrophie due à l'emploi des mains et le trou occipital s'oriente vers le bas afin de maintenir l'équilibre d'un être debout.

En bas, à gauche (d). Si on observe simultanément les courbes dessinées par les colonnes vertébrales au cours de l'évolution humaine, on y retrouve une rétroaction identique dans la morphologie de la boîte crânienne (Tobias). Mais ceci ne concerne ni les aptitudes conceptuelles ni leurs faiblesses : il ne s'agit que d'enveloppes osseuses en rééquilibre avec la position verticale.

En bas, à droite (e, f). Cette convergence est illustrée par les tendances évolutives, indépendantes et pourtant parallèles sur la terre entière, de l'Afrique à la Chine, sans échange apparent : ce sont des conséquences mécaniques, dont nous ne nous sommes pas défaits (d'après Otte, 2010).

bons copains tout simplement. L'argument tiré de la chair et des ossements ne touche pas l'essentiel : il ne dit rien de qui je suis, il n'explique pas pourquoi j'écoute Bach ou Bruce ni pourquoi la Joconde me sourit. Au-dessus des os et des chairs, l'homme (et l'animal) se bâtit par un voile de comportements abstraits, de valeurs d'une extrême complexité, sensible à la fugue comme à l'amour : il se trace au gré de ses options, toujours folles et libres. Ce voile rapproche les individus dans le temps et l'espace ; personne ne peut le toucher ; et pourtant, il nous touche. Seul son nom nous est connu : c'est l'aventure humaine.

1

La constitution de l'esprit

Comment notre esprit s'est-il constitué au fil du temps ? Et de quoi est-il fait actuellement ? Notre hypothèse est qu'en enquêtant sur son émergence, nous avons une chance de mieux le cerner. Un problème majeur se pose toutefois d'emblée. Comment l'esprit humain peut-il s'étudier lui-même ? Puisqu'il fonctionne en quelque sorte comme une boucle en tentant de s'autodécrire, toute mise à distance prétendant être objective peut sembler vaniteuse. L'observateur se confondant avec l'observé, cette démarche entre en contradiction avec les règles de base qu'a tenté d'établir la recherche dite scientifique pour obtenir des résultats un tant soit peu crédibles.

D'autre part, toute analyse utilise des outils intellectuels conscients ou inconscients qui ont été élaborés au sein d'une certaine culture. Dès lors, vouloir parler des structures spirituelles de l'humanité, en partant d'une seule culture particulière au sein d'une multitude est suspect. Même si c'est au cœur de la culture européenne que se sont forgées les armes puissantes de réflexion de l'homme sur lui-même, comme nous le verrons ultérieurement, n'oublions pas que les analyses et la vision qui en découlent sont obligatoirement partiales et réductrices. Forcément imbibées de préjugés et d'automatismes, elles ne s'intéressent qu'à des aspects particuliers de ce que nous sommes ou pouvons être.

Voilà pourquoi il est si important pour le propos qui nous occupe de commencer par un rappel des idées en la matière telles qu'elles se sont déployées dans le temps, afin de nous doter d'un tableau parfois poétique, d'autres fois tragique de ce dont nous sommes pétris.

La question des origines de l'espèce humaine et de ses particularités est très ancienne, mais très récente dans la forme sous laquelle elle est aujourd'hui posée et par l'éventail des hypothèses envisagées. Partout sur la planète, les cultures se définissent par l'histoire de leur origine particulière, au sein d'un monde ayant lui-même une histoire originelle, et ce récit raconte invariablement l'apparition brutale de l'être humain par création de fait d'une entité supérieure. Les religions « révélées » ne font que fixer ces mythes originels, où les éléments de l'Univers apparaissent les uns après les autres, se multiplient en se produisant rapidement, mais d'emblée sous la forme où nous les connaissons aujourd'hui. Leurs péripéties peuvent certes en modifier l'ordre, la valeur et le nombre, mais le Soleil, les plantes, les animaux ou les hommes apparaissent toujours dotés de leurs caractéristiques actuelles.

Par opposition, le concept d'Univers se transformant en permanence est fort récent, du moins dans la période historique de l'humanité. Des individus isolés ont certes été de longue date des précurseurs en ce domaine. Empédocle, il y a vingt-six siècles, tentait d'expliquer l'adaptation des organismes à leur milieu par la disparition et l'évolution des espèces, préfigurant la théorie de Darwin par la sélection naturelle. Un siècle plus tard, Démocrite pensait que l'Univers s'était formé à partir d'une matière diffuse, qu'un grand nombre de mondes apparaissaient, évoluaient, portaient éventuellement des formes vivantes, entraient en collision ou se désagrégeaient. On lui doit le concept de particules infimes non fractionnables : « Rien n'existe, que les atomes et le vide », disait-il. Sénèque, au Ier siècle de notre ère, affirmait plus globalement : « Un temps viendra où nos descendants s'étonneront que nous ayons ignoré des choses si évidentes. [...] Maintes découvertes seront réservées aux siècles futurs, quand tout souvenir de nous sera effacé. » Ces exemples puisés dans la seule période antique montrent que, depuis fort longtemps et certainement partout, nous avons échafaudé des hypothèses en contradiction avec la pensée dominante de notre époque, certaines fois avec une acuité surprenante, mais rarement avec succès du point de vue de leur diffusion collective.

Pour que ces idées d'un monde en évolution permanente deviennent de véritables hypothèses de travail, il a fallu attendre des siècles. La Genèse biblique fut, pendant près de deux millénaires, l'explication globale, obligatoire et unique à l'origine de toutes choses, pour l'Occident judéo-chrétien d'abord, puis avec des variantes dans l'Orient musulman. Et cela semblait assez satisfaisant pour l'esprit. Voilà qui suggère incidemment une question : l'esprit humain n'aurait-il pas besoin de certitudes, d'un horizon rassurant et d'un repère à partir desquels l'activité cérébrale puisse s'exercer sans trop d'angoisse ? Nous y reviendrons sous des angles divers au fil de notre propos, mais l'incertitude acceptable par l'esprit humain semble par nécessité limitée. Nous devons donc garder une méfiance active par rapport à nos convictions et évidences les plus intimes, à moins de nous considérer d'emblée comme supérieurs par nos capacités intellectuelles à toutes les générations passées. Ce qui serait un préjugé !

Ce n'est réellement qu'à partir du XVIIe siècle que le concept de création évolutive du monde – mais pas encore celui d'émergence progressive de l'esprit humain – va trouver des défenseurs. Le philosophe italien Lucilio Vanini est brûlé en 1619 à Toulouse pour avoir affirmé entre autres que l'homme descendait du singe. Un siècle plus tard, Julien Offray de La Mettrie (1709-1751), médecin et philosophe matérialiste, essaye de montrer que la totalité des espèces biologiques constitue un ensemble continu. Ce n'est qu'au XIXe siècle, avec le transformisme de Jean-Baptiste Lamarck (1744-1829) et surtout le grand et immédiat succès médiatique de Charles Darwin (1809-1882) et de sa théorie de l'évolution par la sélection naturelle que commence réellement le débat. Toutefois, si on accepte peu à peu que les espèces, dont la nôtre, soient le fruit d'une évolution à partir d'une ascendance commune, l'être humain et l'esprit en particulier n'en sont pas moins censés être apparus tels quels de manière brutale dans un passé récent, en vertu d'une sorte de déclic dans l'ordre de la Nature. Voilà qui préserverait sinon notre origine divine, du moins le statut exceptionnel que nous nous sommes attribué dans cet ordre.

Pour que nos connaissances avancent, il a d'abord fallu que des disciplines comme la paléontologie et la préhistoire existent. En Chine, les fossiles étaient jadis perçus comme des os de dragons. En Europe, ils n'ont acquis une existence propre qu'au XVIIIe siècle avec ce que l'on appelait alors des « pétrifications ». L'idée d'une évolution du monde sur des durées immenses était encore ésotérique. Ces restes osseux étaient considérés comme « antédiluviens » par Georges Cuvier (1773-1838) lui-même, pourtant fondateur clairvoyant de la paléontologie des vertébrés. Ce n'est que dans la seconde moitié du XIXe siècle qu'a été admise l'existence de fossiles humains et certains ont été réputés « intermédiaires » entre l'homme et le singe. D'où la naissance d'une nouvelle discipline reconsidérant les travaux de précurseurs tel Schmerling (1790-1836) : la préhistoire. Il faudra cependant attendre 1857, quand Jacques Boucher de Perthes, aidé du géologue Joseph Prestwich, parvient à prouver l'ancienneté de plusieurs bifaces enchâssés dans une couche archéologique plus ancienne que celle attribuée au Déluge, pour que l'idée de l'homme émerge et que des temps géologiques s'imposent. Là encore, si on admettait que notre morphologie était apparue progressivement, ce n'était pas le cas pour l'esprit, toujours pour les mêmes raisons d'amour-propre. Il fallait laisser intacte la séparation nette animal/humain et postuler une intervention miraculeuse pour qu'on puisse passer de l'un à l'autre.

À la charnière des XIXe et XXe siècles, certains « spécialistes » ont finalement admis que les hommes préhistoriques avaient des capacités et des préoccupations intellectuelles similaires aux nôtres, dans les domaines artistique et métaphysique en particulier. Ce n'était toutefois pas la majorité, malgré des preuves nombreuses, comme les peintures rupestres dans des grottes désormais fort fréquentées et bien décrites, alors qu'elles n'avaient guère éveillé la sensibilité des visiteurs auparavant, telle la grotte de Rouffignac découverte dès le XVIIe siècle.

Cette « invisibilité » de certains indices matériels reste d'ailleurs courante de nos jours : on continue par exemple de retrouver *a posteriori* dans des récoltes de fouilles faites anciennement des artefacts passés inaperçus à l'époque car ils n'étaient pas censés être présents dans telle couche géologique. Le débat au sujet des plafonds peints de la grotte d'Altamira, lancé en 1880 par leur découvreur Sanz de Sautuola, ne prendra fin qu'en 1902 avec le célèbre *Mea culpa d'un sceptique* par Émile Cartailhac, le plus farouche opposant à l'existence d'un art préhistorique. Pour autant, l'art paléolithique n'était alors considéré que comme un simple divertissement pour ses auteurs : il s'agissait seulement de jouer avec des couleurs et de faire joli sur les parois des grottes que les « sauvages » occupaient, massue à la main et pinceau en poils de bison dans l'autre.

L'abbé Henri Breuil (1877-1961) va heureusement hisser la préhistoire au niveau d'une discipline universitaire à part entière et André Leroi-Gourhan (1911-1986) établira, entre autres, une théorie symbolique de l'art rupestre démontrant son organisation mythologique. De multiples théories portant sur l'art rupestre formeront un débat entre spécialistes ou passionnés. Au total, on a bel et bien admis que ces hommes des temps anciens avaient des préoccupations artistiques et métaphysiques identiques aux nôtres, et qu'ils les exprimaient avec des moyens et une symbolique qui leur étaient propres. Malgré des retours en arrière parfois, comme le poète surréaliste André Breton contestant l'authenticité de la grotte ornée de Pech Merle en 1952 et condamné à une amende pour destruction du patrimoine pour avoir testé les peintures avec les doigts. Le mouvement est ici parallèle à celui qui a prévalu pour les arts « primitifs », longtemps considérés comme de simples artisanats figés, mais dont les spécificités authentiquement artistiques ont été mises en évidence par les anthropologues depuis un pionnier comme Franz Boas.

Le débat s'est ainsi déplacé vers les autres variétés humaines, tel le Neandertal, qui se trouve actuellement dans la situation du Cro-Magnon il y a un siècle : brute épaisse ou délicat personnage à l'aspect peu avantageux et aux moyens techniques différents ? Cette question s'applique à toutes les ethnies et civilisations dont le degré technique nous paraît rudimentaire. Avec l'intérêt croissant à la fois pour une origine non créationniste de l'homme et pour les « peuples primitifs » découverts à partir des aventures coloniales des pays européens, l'étude de la diversité de l'homme dérive des sciences naturelles à partir du siècle des Lumières. Le naturaliste Buffon (1707-1788) contribue à la fois à établir et à défendre une conception évolutionniste de la Terre, et à créer une nouvelle discipline : l'anthropologie. À ses yeux, il n'y avait qu'une seule espèce humaine avec des variations multiples. Les recherches seront concentrées sur l'aspect physique de la diversité des humains jusqu'à la fin du XIXe siècle, créant la base de comparaisons et de la classification – et de ce fait la hiérarchisation – uniquement morphologiques toutefois.

Cette approche pratique a contribué à la création d'une chaire des « religions des peuples sans civilisation » à la Sorbonne, aux musées coloniaux, aux « villages de sauvages » dans les expositions universelles. L'étude des peuples « primitifs » se faisait alors à partir des témoignages des colons, des missionnaires et des explorateurs, par des « anthropologues en chambre » tel James Georges Frazer (1854-1941). Malgré une conscience croissante du problème des méthodes de recueil des données et de leur fiabilité depuis le début du XIXᵉ siècle, cette pratique est restée la règle jusqu'après la Première Guerre mondiale. C'est alors que Bronislaw Malinowski (1884-1942) a systématisé l'approche de terrain en définissant sa méthode d'« observation participante ». Globalement, l'ensemble de ces travaux entretenait la notion de supériorité de la culture occidentale, dans le contexte d'expansion coloniale, même si dans certains domaines, comme la psychiatrie avec Freud, les arts avec Picasso, mais plus radicalement en philosophie avec Wittgenstein (1889-1951), émergeait la notion selon laquelle la hiérarchisation des cultures n'était qu'une idéologie sans fondement historique ou scientifique.

Après le traumatisme de la Seconde Guerre mondiale, qui a exploité dramatiquement toutes les dérives possibles se fondant sur la vision hiérarchique des cultures et des classifications de l'aspect morphologique des humains, Claude Lévi-Strauss (1908-2009) a, dans la seconde moitié du XXᵉ siècle, amené ce débat sur la place publique, grâce à ses travaux novateurs et à son approche multidisciplinaire. Le succès de *Tristes Tropiques* a beaucoup compté aussi. Face au colonialisme, la démonstration par l'ethnographie de l'équivalence de toute l'humanité et de la valeur des cultures technologiquement plus simples que la nôtre finira par s'imposer. Du moins chez les spécialistes, certainement moins dans la culture générale et très peu dans la pratique, vis-à-vis des peuples aussi bien disparus qu'actuels, comme en témoignent certaines polémiques récentes. Preuve que rien n'est encore acquis ? Ou bien signe que le consensus ne laisse plus place qu'à des provocations résiduelles ?

Ce grand décalage entre l'apparition de concepts nouveaux, leur acceptation, leur diffusion et leur effet progressif dans les productions intellectuelles, matérielles et comportementales semble constant et sans fin.

Comme on le voit, l'effritement des concepts créationnistes a été très lent, y compris dans les milieux scientifiques concernés. Il n'est d'ailleurs toujours pas terminé, de même que celui du principe de supériorité qui en découlerait pour l'homme occidental. D'autres débats sont actuellement en cours, nous le verrons au fil de cet ouvrage. Nos convictions sont parfois tellement enracinées, que nous continuons longtemps à les défendre bec et ongles même si des éléments matériels nouveaux les remettent en cause.

C'est d'autant plus un problème dans le domaine de ce qu'on nomme les « sciences humaines », où les preuves immuables font défaut. La tendance à croire qu'elles se détachent de leur part subjective pour être un reflet de l'interprétation rigoureuse de faits prouvés (langage néo-scientifique au possible !) est une illusion nécessaire à l'ego des chercheurs. Une relecture de l'histoire des idées évoque un glissement progressif des préjugés, un déplacement de nos *a priori* et de nos convictions, et non pas la disparition des anciennes « superstitions » remplacées par des vérités « scientifiques ». Car tous les jours des vérités, pourtant scientifiques, auxquelles nous avons cru fermement tant elles nous étaient assenées, nous paraissent n'être plus que de simples superstitions, tombant face à de nouvelles « preuves » apportées par de nouvelles théories, aussitôt

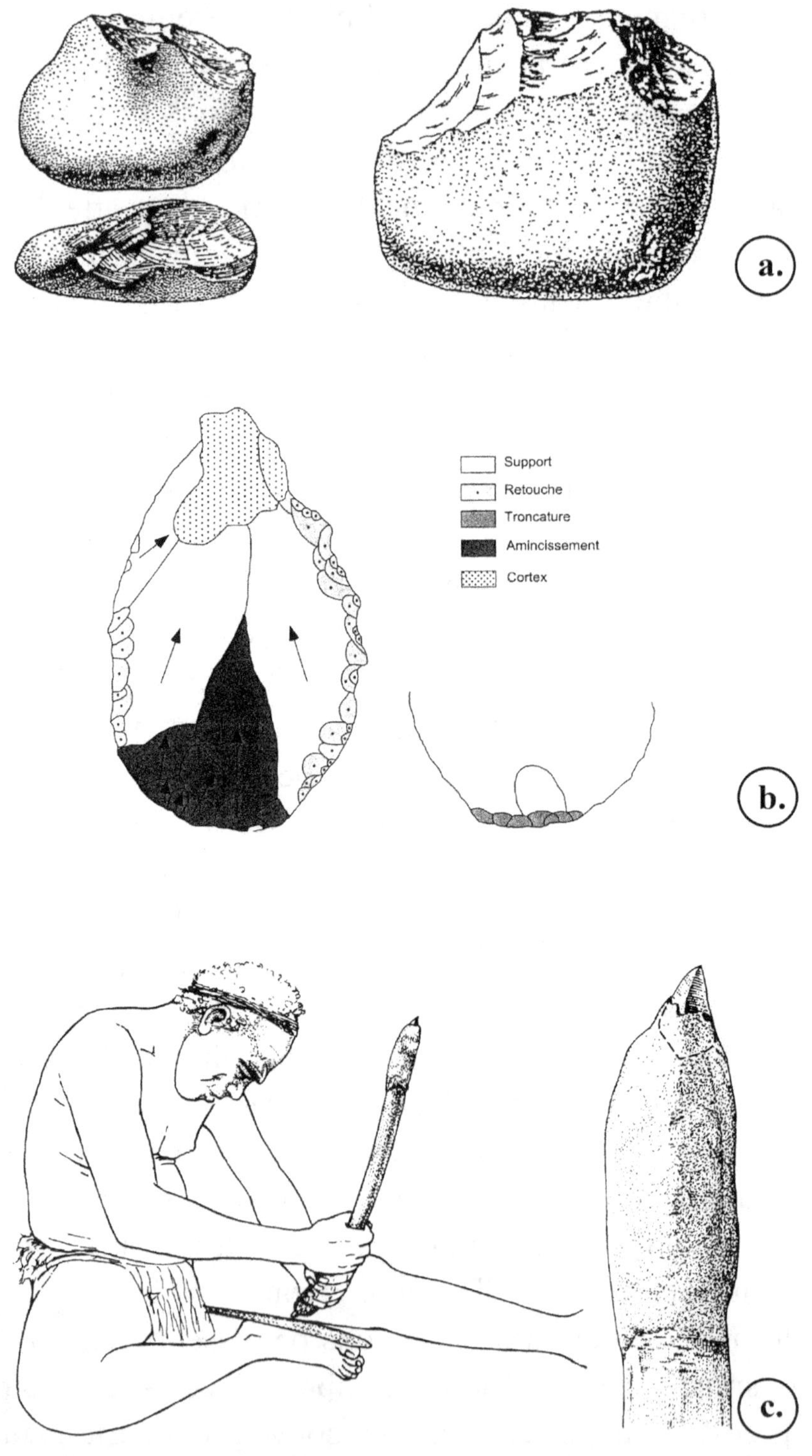
a.
Support
Retouche
Troncature
Amincissement
Cortex
b.
c.

érigées en « vérités ». Le processus est sans fin. Nous pouvons tenter d'y prendre part, certainement pas d'en proposer une issue.

Rappelons également que ce n'est qu'au cours du XIXe siècle qu'a été aboli l'esclavage, alors que le ségrégationnisme n'a été interdit que dans la seconde moitié du XXe siècle et que ses effets se font encore largement (mais sournoisement) sentir dans nombre de pays au XXIe siècle. Le vote des femmes a été obtenu dans la première moitié du XXe siècle, celui des autochtones des colonies françaises pleinement acquis dans la seconde. Ces quelques exemples montrent que, aujourd'hui encore, la notion d'humanité reste extrêmement subjective et pétrie de hiérarchisation,

Planche 2. La roche n'est qu'un tranchant d'outil complexe, mis en action par les premières machines.
En haut (a). Le transfert d'un concept vers une roche fut une action proprement « démiurge » car il transgresse les lois biologiques. La forme du galet choisi, sa masse, son tranchant étendent les possibilités anatomiques humaines liées aux ongles et à la peau. Si sa lucidité a conçu et reproduit à l'infini le « prolongement » de son geste, c'est qu'il lui était vital et entrait intégralement dans le nouveau mode de vie de l'espèce, désormais plus culturel que biologique. Ces gestes « volés » à la nature en ont inspiré d'autres sans fin, au point que notre espèce ne puisse plus exister sans eux. À gauche : Vallonet (France), 900 000 ans ; à droite : Olduvai (Tanzanie), 2 millions d'années.
Au centre (b). Les traces, grises et noires, montrent l'usage des zones utilisées, emmanchées et naturelles. Une véritable « vie » est alors restituée à l'outil dont l'usage, ici, fut latéral (profondes retouches écailleuses).
En bas (c), terre d'Arhem, Bindon *et al.*, 1987. L'emmanchement de très humbles outils de pierre (extrémité agrandie) leur donne des possibilités techniques infinies, spécialement par l'emploi du levier en bois et de la gomme. Les chasseurs nomades doivent y trouver toutes les fonctions avec le moins d'encombrement possible.

et que nous sommes fort loin de reconnaître à tous les humains, sans distinction, des potentialités intellectuelles équivalentes. Les faits montrent que nous avons toujours considéré dans les facultés intellectuelles des degrés très différents, justifiant le refus d'accorder, totalement ou partiellement, le statut d'humain à certaines catégories d'individus, passées ou présentes.

Ces lignes elles-mêmes ne traduisent-elles pas implicitement un autre *a priori* ? L'idée que seuls les humains auraient un esprit, or l'éthologie nous montre que les capacités d'abstraction, de mémorisation, de transmission de l'apprentissage, les préoccupations esthétiques, les sentiments, la conscience de soi existent chez d'autres espèces. Ces découvertes sont elles aussi récentes. Peut-être nous amèneront-elles à d'autres remises en question.

Un point de méthode

Fermement ancré sur l'information archéologique, aux données innombrables mais muettes par définition, ce livre cherche à les intégrer aux autres modes de connaissance de la nature humaine essentiellement bâtie par l'esprit : anthropologie culturelle et sociale, histoire des religions, sociologie, psychologie, philosophie, histoire, musicologie, histoire de l'art sont ainsi mises à contribution pour donner un souffle d'esprit aux matériaux archéologiques. Réciproquement, ces disciplines ont ainsi fondé leurs propres mécanismes fonctionnels, considérés dès lors sur la très longue durée comme autant de sources qui leur donnent une justification, une signification et une succession chronologique appropriées. Par exemple, le philosophe doit pouvoir fonder sa réflexion sur des informations saines, produites directement par les chercheurs tournés vers la récolte de données rigoureusement validées plutôt que par le truchement des médias, nécessairement moins fiables. Inversement, les données matérielles, pain quotidien du préhistorien, doivent selon nous être honorées par lui en leur injectant la dose appropriée de sens, extraite de la masse immense produite par la littérature philosophique ou anthropologique.

Par ailleurs, la préhistoire est elle aussi incluse dans le vaste champ des sciences naturelles, ne serait-ce que par l'environnement où l'humanité a dû se glisser, s'adapter, pour finir par le maîtriser dans toutes ses composantes. Par sa propre anatomie, l'homme lui-même appartient aussi au règne naturel, bien que sa réflexion lui ait toujours permis d'adapter, *via* son comportement, un corps largement déficient par rapport aux immenses défis auxquels il était confronté.

Nous touchons là au paradoxe fondamental de l'humanité autour duquel tourne ce livre. Une anatomie très fragile se trouve perpétuellement placée devant des défis successifs que rien ne justifie au regard des lois naturelles. On ne sait pourquoi, par quelle diablerie, la pensée humaine souffre d'une perpétuelle déchirure : sans relâche, elle pousse le corps à chercher ailleurs, autre chose, autrement. L'inconnu l'appelle, quels que soient les sacrifices à concéder. En toutes circonstances, il semble qu'il y ait eu nécessairement des pionniers courageux qui se sont volontairement sacrifiés à un appel, profond et mystérieux, ressenti par la masse, restée en attente afin de régler ses propres conflits.

Cette exploration de l'inconnu, au départ forcément limitée car dangereuse, se poursuit aujourd'hui sous nos yeux, par exemple sous la forme de créations littéraires, musicales ou scientifiques, voire spatiales, en grandes profondeurs, toujours au-delà des limites antérieures. Ce processus, voire cette maladie, traverse toute l'humanité, à travers tous les temps, les espaces et les diverses ethnies qui la composent.

Le terme « métaphysique » viendrait facilement pour désigner ce phénomène si puissant et si particulier qui a fait passer une sorte de singe de la forêt à la Lune. Aucune pression matérielle, aucune « loi » biologique, aucun déterminisme environnemental ne peut honnêtement expliquer de telles évidentes folies. À tous les stades du développement humain, on voit surgir l'audace : l'outil, le feu, la sépulture, l'art, la religion, l'agriculture, la sidérurgie, la guerre, l'écriture, la science, pour ne citer que quelques caricatures. L'emploi des expressions, inhabituelles dans de tels contextes, comme « métaphysique » ou « spiritualité », ne doit ni faire hérisser les poils d'un scientifique ni faire reculer un athée patenté, moins encore laisser entendre que l'auteur verse dans une forme de religiosité postmoderne. Le fonctionnement de tout être pensant utilise une superstructure partagée par le groupe humain considéré dans la circonstance de son étude.

L'anthropologie comme la psychologie ont depuis longtemps dégagé la constance de tels processus liés aux modes de la pensée : l'activité intellectuelle d'un individu se trouve gratifiée, maintenue et entretenue par des systèmes de valeurs partagés collectivement. Plus précisément, là où ces approches paraissent les plus fructueuses, cette armature conceptuelle collective constitue une forme de réponse aux interrogations fondamentales qui saisissent chacun de ses membres. Cette superstructure conceptuelle ne possède, pour l'observateur extérieur, aucune consistance, pas même de signification : elle est pourtant universelle et correspond au nerf de toute fonction sociale. Ultimement, ce treillis structurel se justifie par le destin que tel groupe s'est donné et dont la mise en cause par un de ses membres provoque

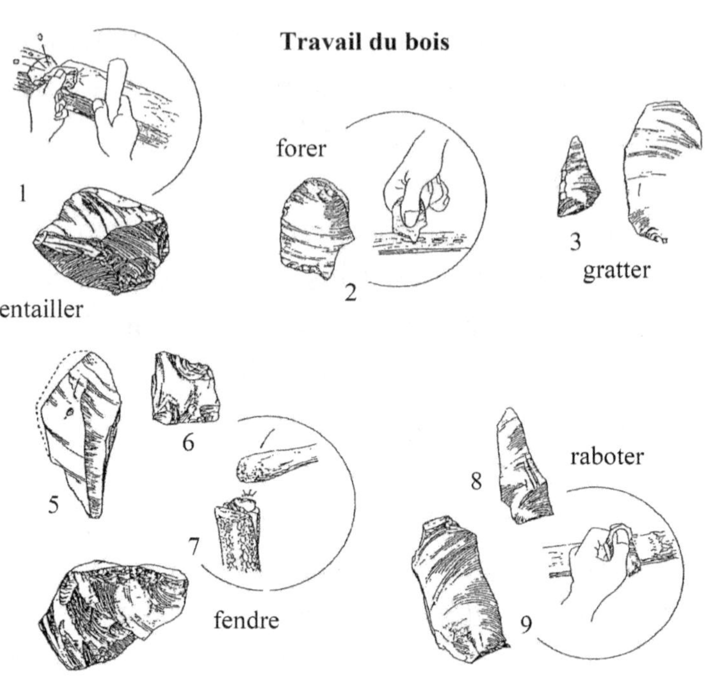

Travail du bois
forer
1
entailler
2
3
gratter
5
6
7
fendre
8
raboter
9
a.

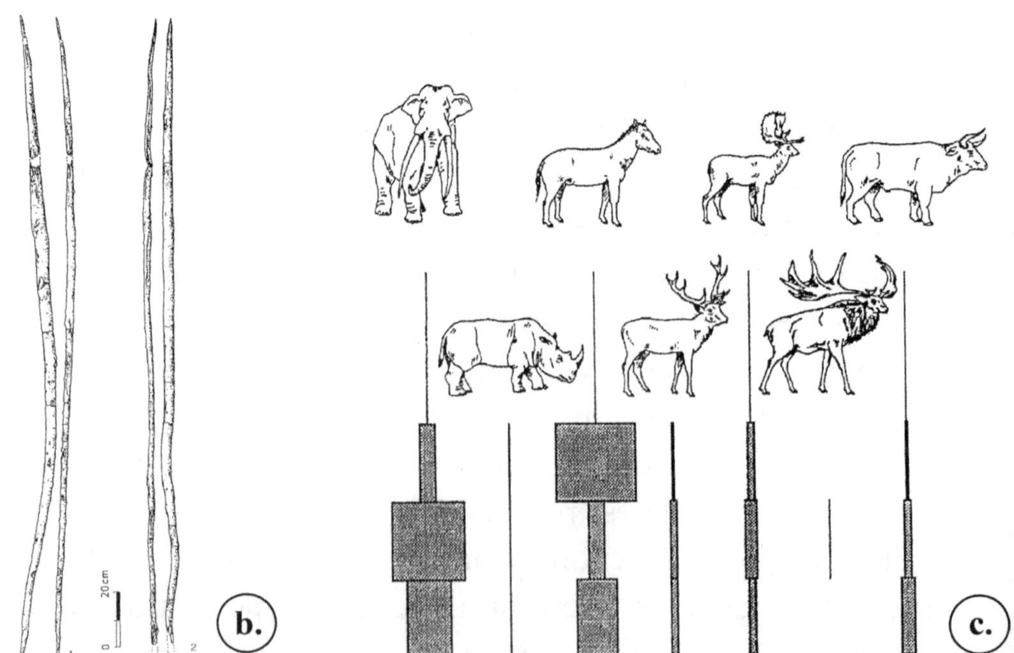

20cm
0
b.
c.

son rejet, plus ou moins discret, car ces valeurs sont considérées comme « sacrées », c'est-à-dire qu'elles mettent en cause, sous une forme obscure mais irrépressible, son destin.

Par sa position extérieure, l'anthropologue sait combien cette superstructure est aléatoire, fugace, circonstancielle, éphémère. Il sait aussi à quel point y toucher relève du « sacrilège » et autorise les pires représailles. Étalées dans le temps, de telles superstructures se transforment perpétuellement, sans raison apparente, comme si elles évoluaient de manière aléatoire, mais probablement sous le coup des « pionniers sacrifiés » évoqués plus haut. Ce qui signifie qu'en tout temps et qu'en toutes circonstances le fragment d'humanité considéré place, entre lui et l'Univers, une sorte de bouclier intellectuel de nature à calmer les soubresauts intérieurs et donc à contenir (autre paradoxe) les essais de

Planche 3. L'outillage était surtout fait en bois, de rares témoins nous en sont parvenus.
En haut (a), Hoxhne, 500 000 ans, Keeley, 1993. De minuscules éclats informes et tranchants, abandonnés à l'état brut ont montré leurs infinies aptitudes techniques dès qu'ils sont confrontés aux matières organiques. Les fonctions rencontrées étaient d'une extrême précision et couvraient une large gamme d'activités, inaccessibles sans ces analyses microscopiques.
En bas (c), Schöningen, Thieme, 2007. Dans les tourbières d'Allemagne du Nord, de véritables sagaies furent récupérées, implantées dans les corps du gibier. Les conditions humides permanentes favorisaient de telles armes à lancer. Elles sont complètement façonnées par raclage, polissage et durcies au feu. L'équilibrage est parfait car le centre de gravité est aux deux tiers de la longueur, comme les javelots actuels, afin d'éviter leur tournoiement dans l'espace.
Au centre (b), Schöningen, 350 000 ans, Thieme, 2007. La faune est large, variée, venue s'abreuver aux bords des marais, la biomasse est importante et on observe le choix de certaines classes d'âge. Jamais les outils de pierre conservés n'auraient suggéré une telle efficacité. La silhouette fusiforme des sagaies désigne leur fonction de projectile.

modifications dont il est pourtant l'objet en permanence et qui assurent sa survie. Dès qu'un archéologue, un ethnologue ou un historien découvre la clef ouvrant cette superstructure (largement inconsciente au sein des membres de cette communauté, bien que terriblement répressive), alors il saisit aussitôt les réseaux de relations invisibles qui justifient, expliquent et entretiennent tous ses aspects, du couteau du boulanger à la gare routière de sa ville ou, pour parler de manière plus « convenable », de la sagaie à la paroi peinte.

Un fil rouge relie en effet toutes les composantes des unités ethniques, qu'elles vivent en forêts tropicales ou dans une ville actuelle. Les systèmes de valeurs sont omniprésents, omnipotents. Ils régissent, gratifient ou rejettent l'ensemble des composantes organiques. Rétrospectivement, la régularité de tels fonctionnements fascine, et il est plus simple (et moins risqué) de porter ces analyses sur des sociétés lointaines dans le temps ou dans l'espace que sur sa propre situation vécue au quotidien. Outre le danger, bien réel, de se trouver soi-même dans la position d'« ostracisé chez soi », il apparaît très difficile (à supposer d'en avoir le « droit ») d'accomplir la contorsion intérieure suffisante pour s'extraire, fût-ce par la seule pensée, des filaments gélatineux où notre propre réflexion se débat, en dépit de l'appel profond vers l'inconnu, l'autrement. L'existence physique de tels rebelles est alors en cause. Inquisition ou Intifada en sont des exemples simplement éloquents et suffisamment lointains pour oser les citer ici.

Une dimension complémentaire mais cardinale est donnée à ces structures complexes dès qu'elles sont considérées selon l'axe de leurs transformations diachroniques. C'est pourtant le lot des préhistoriens, comme celui des historiens en général. À l'examen de chaque situation considérée, un réseau de liens inédits apparaît : il définit ce que nous désignons communément par le terme de « culture ». Les filiations, ensuite observées, d'un réseau à l'autre, séparées par l'espace ou par le temps, sont interprétées comme des « traditions », avec la même légèreté de méthode.

L'examen de tableaux évolutifs, ainsi reconstitués, présente des phénomènes processuels de la plus grande importance et du plus fructueux intérêt. Ils seront développés ci-après, mais globalement on peut y distinguer des constantes, assez rigoureusement exprimées pour posséder valeur de loi.

Les règles sociales, la répartition des tâches autant que les activités artisanales ou les modes d'habitat forment ensemble des systèmes harmoniques, tous reliés par les articulations religieuses, établissant les règles d'équilibre avec tout ce qui est inféodé au groupe considéré, en partant de la disposition des astres au firmament pour arriver au groupe voisin (inclus dans le non-humain donc), en passant par les rythmes saisonniers, les plantes à récolter, le gibier à abattre ou, au contraire, à respecter. Toutes ces harmonies s'enrichissent de variations au fil du temps et de l'espace. Les réseaux religieux (ou désignés « idéologiques » selon les cas) forment la trame essentielle qui relie l'ensemble des activités et les promeut au niveau de l'éternité *via* ce rapport à l'Univers, comme justification ultime (il ne peut en être autrement de notre propre situation actuelle...).

Une deuxième observation fondamentale à nos yeux tient à la nature universelle des axes généraux le long desquels ces phénomènes se sont alignés. Les observations les plus courantes montrent que ces directions évolutives, d'apparence aléatoire, voire chaotique, s'alignent en réalité selon des réseaux de convergences quels que soient le coin du monde considéré ou le moment de son examen. L'impression d'une grande cohérence se dégage dans l'évolution culturelle humaine, comme si les lois biologiques étaient poursuivies et relayées par celles de la pensée. Cette « impression », qui en effrayera plus d'un, a été soutenue par des chercheurs extrêmement prestigieux ; elle ne nous paraît pourtant pas suffisante, car les aléas de la pensée (individuelle ou collective) procèdent manifestement de façon très particulière et d'une extrême complexité, bien que toujours sous une forme cohérente et régulière.

Quelques exemples prouvent l'unicité directionnelle de la pensée collective en évolution, tandis que d'autres prouvent tout aussi clairement l'irréductible marge de liberté dont chaque trajectoire culturelle dispose. Dans la première catégorie, nous plaçons par exemple : l'emploi du propulseur, celui de l'arc, l'usage de la hache ou de la vaisselle en terre cuite. Chacun de ces exemples, pris parmi des milliers d'autres, présente à la fois une même séquence évolutive à travers la Terre entière et est enveloppé d'une sphère mythico-religieuse qui lui donne un sens et par laquelle il agit sur le monde au nom du fragment social qui le met en action (de nombreux autres exemples sont donnés dans Ernst Cassirer, 1972, dans Claude Lévi-Strauss, 1985, ou encore dans André Leroi-Gourhan, 1943).

Ainsi une petite section de l'aventure humaine se trouve-t-elle compactée dans une simple série de quelques outils où elle vient s'exprimer dans les règles de fonctionnement adaptées par un groupe afin de justifier sa place dans le déroulement du temps et dans cette partie de l'Univers. Le plus important réside dans la possibilité de transposer cette courte séquence diachronique dans toutes les histoires humaines, qu'elle y trouve une place harmonieuse dans les déroulements régionaux, et que les processus inverses n'existent pas car, considérés comme autant de reculs, ils sont aussitôt rejetés pour l'inertie qu'ils semblent opposer aux mouvements de l'audace, si séduisants à l'esprit humain. Il semble ainsi légitime de forger le concept d'« universaux diachroniques ». Tout se passe comme si les sociétés humaines, considérées dans leur globalité, se sentaient appelées vers un destin analogue mais selon des voies particulières. Mieux encore, une fois ces bouleversements successifs intégrés, ils subsistent à l'état de potentialité, voire de renouvellements ritualisés.

Dans le premier cas, l'arc ou le propulseur sont entrés dans la gamme supérieure hautement symbolisée des jeux Olympiques. Dans le second cas, haches et poteries se sont maintenues à travers les millénaires, accompagnées d'un arrière-fond démiurge : abattre un arbre implique de briser le tabou de la conservation du milieu « naturel », faire de la poterie relève de l'art ultime où le modelage, après cuisson, va conserver forme et détails ajoutés à la glaise et, littéralement, « pétrifiés » à jamais. Dans tous les cas, cette succession d'audaces mythiques, « contre nature », procède par changements emboîtés, l'un requérant l'autre et ainsi de suite. La longue histoire de l'humanité fourmille de ces cas d'exemples où, à chaque pas, l'observateur pressent l'étape, considérée dans le vaste mouvement uniforme, étiré des premiers gestes contrôlés jusqu'à la maîtrise d'une information numérique, totalement abstraite et qui, pourtant, enclenche les actuelles révolutions.

En sens inverse à cet ample déploiement cérébral, un bourdonnement de variations marque de son sceau propre chaque étape de ces articulations, jusqu'aux moindres détails où elles n'étaient pas attendues. André Leroi-Gourhan (1965) s'était amusé à voir les différences stylistiques entre les satellites artificiels selon qu'ils étaient conçus en URSS ou aux États-Unis, là où pourtant l'impact de la « tendance technique » semble la plus active. Nous nous sommes aussi « amusés » à distinguer les subtiles différences qui distinguent néanmoins à coup sûr, une hache en acier, selon qu'elle est japonaise, européenne ou américaine. Il en va évidemment de même pour les voitures, les modes vestimentaires, les coiffures et jusqu'aux manies physiques, répugnées là, encouragées ici. Le sceau du style est total, traverse toutes les époques d'un groupe donné et s'applique à ses aspects les plus anodins, souvent inconsciemment. De l'intérieur, il paraît « naturel » (encore le paradoxe), voire obligatoire, sinon de bon goût ; de l'extérieur, il paraît « étrange », voire suspect jusqu'à dangereux. Dans tous les cas, il est immédiatement reconnaissable, il rassure pour les uns (considéré de l'intérieur), il gêne pour les autres, parfois jusqu'au scandale. Un Papou en costume de fête déambulant à Paris sera tout de suite marginalisé, reconnu, intimidé tant qu'il n'aura pas revêtu l'un des ternes costumes européens, et déplumé ses somptueux décors, qui l'honoraient dans sa tribu originelle.

Une fois le farouche besoin d'identification mis en cause, toute attitude qui l'entraverait doit être placée sous contrôle, exactement comme au Paléolithique, lorsque subsistait, dans le temps et l'espace, un seul choix culturel et comportemental. Par exemple, l'absence d'armes en matière osseuse durant des centaines de millénaires en Europe, bien que présentes ailleurs sporadiquement, ne peut pas s'expliquer par une déficience cognitive (le traitement des autres matériaux le prouve en abondance), mais par l'effet cumulé des traditions, aux antipodes de telles pratiques, et de la sacralisation du gibier dont on ne peut prélever certains éléments pour les retourner contre lui. Incidemment, cette interdiction du « double meurtre », si l'on peut dire, se retrouve dans les traditions sémitiques (considérées ici au sens large) où la consommation concomitante de la viande et de ses produits dérivés (lait, fromage) est rigoureusement interdite (« blasphématoire »). Les religions concernées ont peut-être laissé ces traces même en milieux laïcisés, ou alors ce furent de longues coutumes dérivées des peuples chasseurs et si profondément ressenties qui durent être intégrées dans le corps des doctrines religieuses. Dogmes et coutumes présentent en effet une large aire de recoupements dans laquelle elles fusionnent. Et si la clef chronologique peut être trouvée, elle indique toujours une large antériorité des pratiques sur le dogme, qui se borne à les codifier en termes de lois, de règles, d'interdits, eux-mêmes bientôt dépassés par des valeurs de nature nouvelle mais produites en son sein ou pratiquées au nom d'un nouveau dieu (l'Homme, le Progrès, la Science, la Liberté, par exemple).

Ainsi, les religions décryptées possèdent-elles souvent un fonds d'une immense richesse pour le préhistorien, car elles furent greffées sur des pratiques des « temps immémoriaux », c'est-à-dire des « temps » passés durant lesquels les systèmes de valeurs étaient accrochés à une autre métaphysique. C'est ainsi qu'Adam (= « fait de la terre » !) et Ève quittent le Paradis terrestre où ils vivaient en harmonie avec la Nature, exactement comme les Mésolithiques devinrent producteurs agricoles. « Tu gagneras ton pain à la sueur de ton front » est bien l'adage du nouvel esclavage auquel l'homme audacieux s'est laissé contraindre car il avait « voulu connaître les secrets de Dieu ». Nous baignons là en pleine crise métaphysique dont pourtant la documentation archéologique la plus dure rend compte avec la certitude et la précision aptes à ébranler les plus sceptiques des « savants » orthodoxes.

Démêler la part du laïque de celle du religieux dans l'histoire humaine relève de l'absurde : toute élaboration audacieuse éclose dans l'esprit humain se situe très exactement au cœur du mécanisme rétroactif schématisé par les dogmes et le mystique, quels que soient les règles du jeu et les noms donnés aux différents partenaires. Les réunions d'académiciens forment l'exact écho d'une cérémonie de sortie des masques chez les Dogons. Les valeurs « sacrées » ont changé de nom (Sciences, Connaissances, pour : Esprits naturels et Force créatrice), mais tous les « rituels » s'y retrouvent à l'identique : l'initiation pour l'intronisation, l'assemblée, l'habit, les préséances, l'hémicycle, la codification du discours, par exemple. Ces fonctionnements métaphysiques font partie de l'humanité autant, voire davantage, que sa seule anatomie. La difficulté d'en relever les traces, pour les périodes anciennes et par des voies matérielles, ne justifie pas que de telles évidences soient écartées au profit d'approches réductrices et déshonorantes du caillou ou de l'os, en soi, pour soi, en une sorte de fièvre incurable et délétère pour la masse des connaissances, pour les défis qu'elles se lancent et finalement contre son propre destin et sa plus authentique raison d'être.

Le préhistorien dispose d'une autre arme, à laquelle je suis spécialement attaché. Elle consiste à jouer avec les traces anoblies au rang de « signes ». L'ensemble de ce jeu immense fut rassemblé sous la désignation de « sémiologie », dérivée jadis de l'étude des langues par Ferdinand de Saussure et promue vaille que vaille à toutes les autres disciplines pratiquées par l'homme autant que sur l'homme (Eco, 1975 ; Groupe Mu, 1992). En simplifiant à outrance, on pourrait dire que la méthode consiste à considérer chaque élément d'un champ observé, non pour ses valeurs intrinsèques, mais pour la place qu'il occupe dans le réseau de significations propre à ce champ. Un peu sur le modèle du mot de la phrase, voire des lettres qui le composent, la « sémiologie générale » permet des ouvertures en abysses sur les différents sens pris par tel élément, selon le degré de généralisation choisi pour telle ou telle approche. Concrètement, un outil peut tour à tour éclairer par exemple des champs fonctionnels, spatiaux, économiques, traditionnels, commerciaux. L'erreur résiderait alors dès qu'une seule de ces diverses dimensions serait excessivement favorisée (dans le cas de l'outil sa valeur de marqueur traditionnel, par exemple). De proche en proche, des réseaux de sens s'établissent jusqu'à considérer, dans le cas qui nous occupe ici, l'ensemble d'un territoire, voire toute la sphère abstraite dans laquelle gravite l'ethnie considérée. La sémiotique fournit des cadres logiques grâce auxquels les actes symboliques (autres fonctions cardinales à l'esprit humain) peuvent se déployer. Selon nous en effet, toute action dont nous retrouvons la trace appartient à un unique réseau de symboles où se rejoignaient, pour un temps et dans un espace donnés, toutes les autres actions posées par ce groupe.

Observer par exemple une chasse à l'arc implique aussitôt tout un réseau, d'abord en aval de l'action (gibier fugace, modes de redistribution, espace arboré, maîtrise balistique), ensuite en amont de celle-ci (défi lancé aux forces naturelles, libération des contraintes mécaniques, conquête de la vitesse, de la distance, de la précision, hiérarchisation sociale, modes de relations mythiques à la proie, par exemple). L'humanité est ainsi faite que nulle action posée au sein d'une collectivité ne peut rester anodine, aléatoire ou sans effet sur les autres modes d'appréhension à la fois du monde et de ses propres contraintes internes. Les « audaces » ne seront admises que très progressivement et seulement dans la mesure où elles se trouvent en quelque sorte attendues par le groupe, tel un soulagement à diverses formes de tensions, par exemple techniques, économiques, spirituelles.

L'admission de telles audaces stimulantes crée alors une cristallisation nouvelle de toutes les autres composantes du milieu culturel où elle s'installe. La plupart du temps, on voit d'abord se produire des audaces de statut purement spirituel, propres à la « nature » humaine. Par exemple, l'aviation, intégrée comme un élément fondamental des sociétés actuelles, ne fut au départ que l'objet d'un rêve, d'un défi : « savoir voler », pour l'offrir à un être qui par nature ne volait pas. Les récupérations militaires, commerciales, touristiques n'apparaîtront que nettement plus tard. À chaque pas significatif de l'expansion humaine (feu, sépulture, arts, agriculture, écriture), il a fallu une conception préalable et « gratuite », issue par le travail de la pensée symbolique, de l'imagination, de la réflexion et du défi lancé, par exemple contre les contraintes environnementales, l'angoisse devant la mort, l'emprise sur le réel, le contrôle alimentaire, la fixité des règles sociales. Considérés sur le long terme, ces processus accumulés deviennent alors déterminants, et ce sont eux qui au final constituent la véritable nature humaine produite par ses conquêtes successives, exclusivement à caractère métaphysique : défier le destin naturel de l'espèce. Nous sommes loin des lois biologiques, régnant en apparence sur tout organisme vivant, et un regard oblique vers les découvertes foudroyantes en éthologie montre que l'humanité pourrait ne pas être la seule espèce concernée, au risque d'égratigner notre cher amour-propre, mais c'est un tout autre débat...

L'inertie des conventions doublée des audaces successives, accumulées dans le temps telles les strates superposées d'une termitière, correspond donc à la trajectoire suivie par l'aventure humaine. Ce double mécanisme, à effets rétroactifs, explique et justifie le succès incontestable (voire fatal ?) de notre espèce sur le globe sans qu'aucune modification anatomique considérable fût jamais requise : la composante culturelle pallie toujours les déficiences naturelles, et l'humanité s'est installée autant sur la banquise que sur les sommets himalayens, autant dans les déserts qu'en forêts tropicales et, pour partie même, dans l'espace extraterrestre. Tout ne fut qu'affaire de pensée et d'audace. C'est pourquoi c'est dans ce champ méconnu, voire méprisé, qu'il faut porter notre propre réflexion, loin de tout déterminisme environnemental, loin de toute loi « naturelle ». Or l'immense majorité de l'histoire humaine n'est témoignée que par des traces matérielles, bien que chacune soit issue du registre varié de l'abstraction. Le piège évident tendu à une telle démarche (bien que partagée par tant d'autres disciplines), c'est de n'y voir que ce que l'on y cherche. Le court recul offert par l'histoire de notre humble discipline démontre déjà qu'elle fut instrumentalisée

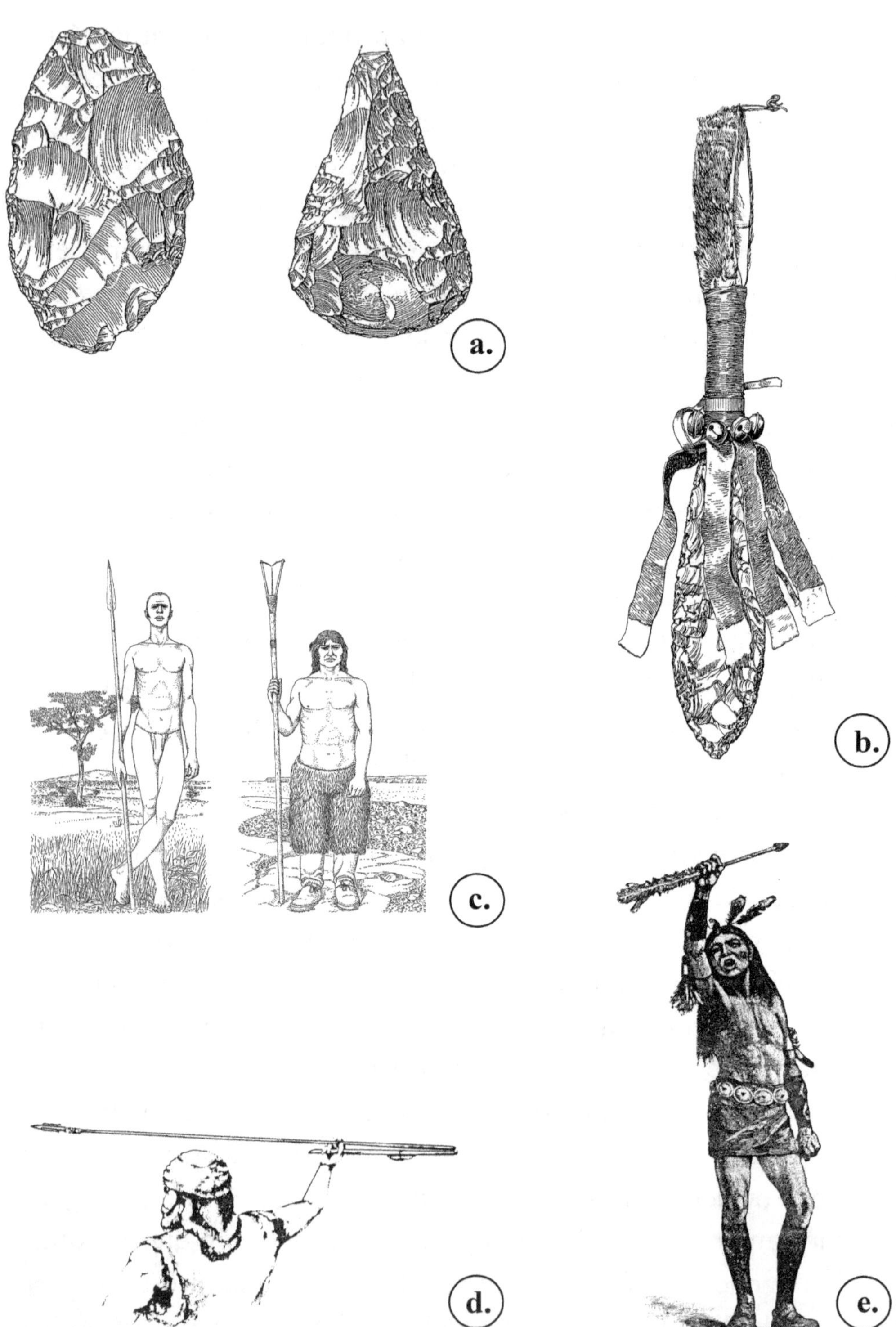
a.
b.
c.
d.
e.

Planche 4. L'outil est surtout à fonction symbolique.

En haut, à gauche (a). Par la pensée, l'homme touche la matière, il lui donne forme, masse, silhouette, inédites dans la nature. Ces créations plastiques se répètent à l'infini, tel un défi aux lois mécaniques des roches : ce sont de nouveaux signes. Aucune utilisation n'y est strictement associée, mais les méthodes très élaborées témoignent de la finesse et de la régularité recherchées. Il s'agit de créations par l'homme, à l'instar des dieux (d'après Bordes, 1966).

En haut, à droite (b). La valeur purement symbolique s'impose : l'arme de pierre est assortie de décorations, clochettes, lambeaux, poignée, rendant l'objet inutilisable techniquement, mais chargé bien davantage de valeurs sociales (« racloir » des îles Tobriand).

Au centre, à gauche (c). Les variations climatiques provoquent en retour des adaptations biologiques, secondaires mais héréditaires (les « races ») toutes interfécondes (Howells, 1960). De telles variations corporelles ont pu pousser certains savants à créer des « espèces » différentes bien qu'il ne s'agisse que d'adaptations éphémères.

En bas, à gauche (d). Le propulseur lance la sagaie à des distances gigantesques, jusqu'à 100 mètres. La force de frappe fait basculer la proie en pleine course plutôt que de la laisser courir, même blessée (Ullrich, 1994).

En bas, à droite (e). L'arc est une « machine » tendue : la flexion du manche est transmise à la balistique de la flèche. Toute la fierté tient à la magie de l'arc, tel un signe de puissance jusqu'aux flèches de nos chasseurs actuels (Catlin, 1959).

Ici, les armes dressées et ostentatoires possèdent également valeur symbolique : elles évoquent la force mais ne l'utilisent guère.

au gré des idéologies (le nazisme était fondé sur des théories de préhistoriens très respectables) et, plus sournoisement, par les flux intellectuels dont chaque chercheur est l'objet. Cet « essai » ne nourrit donc pas d'illusions démesurées quant à sa réelle autonomie, pourtant si ardemment recherchée. Or, au terme actuel de l'évolution de cette même aventure humaine, il nous revient d'y poser à notre tour un défi audacieux supplémentaire.

Une aventure tropicale

Selon certains biologistes, les origines de l'humanité se trouvent, si on en croit les données fournies par la paléontologie, entre nous et les grands singes actuels, ancêtres adaptés à la forêt équatoriale. Cet événement semble lié à un changement de l'écosystème vers moins 15 millions d'années, avec une radicalisation vers 5 millions d'années : un assèchement du climat terrestre aurait provoqué en Afrique, comme en Asie du Sud-Est, l'apparition d'un nouveau paysage où les grands arbres étaient beaucoup plus clairsemés, puis, dans les grandes plaines de l'Afrique orientale, un milieu ouvert, la savane. Un certain nombre d'espèces s'y seraient adaptées, mais il a fallu que les facteurs biologiques (locomotion, régulation de la chaleur interne) et comportementaux (alimentation, hydratation, survie face à de nouveaux prédateurs) s'y prêtent. Schématiquement, les ancêtres des grands singes actuels auraient choisi de reculer avec la forêt équatoriale, afin de rester dans ce milieu qui leur était favorable. Cependant, du ramapithèque (14 millions d'années aux Indes) à l'australopithèque *afarensis* (« Lucy », 3,5 millions d'années en Afrique), diverses variétés de primates ont réussi à s'adapter à la savane, parmi lesquels nos ancêtres, les seuls à long terme à avoir survécu à ce défi. Pour ce faire, il aura fallu réunir deux conditions : une bipédie stricte et de nouvelles stratégies de survie dans ces conditions inédites. Sinon, cet environnement les aurait rapidement éliminés.

On observe avant 10 millions d'années la présence de grands singes anthropomorphes disparus : kenyapithèque en Afrique, ramapithèque en Inde, *Lufengensis* en Chine. Il semble qu'à ce stade les lignées conduisant aux hominidés n'étaient pas encore distinguées. La « charnière » chronologique se situerait donc vers 10 millions d'années, période à partir de laquelle une diversification s'est amorcée sur le plan anatomique. Les différentes familles d'australopithèques en Afrique, mais aussi le gigantopithèque de Chine, ont formé autant de tentatives, provisoirement réussies, de vie exclusivement bipède, avec tout ce que cela implique d'aptitudes cognitives, nouvelles et nécessaires, du groupe social aux aptitudes techniques.

Parmi ces formes dressées, une lignée semble spécifiquement humaine, étendue de Toumaï (7 millions d'années au Tchad) à *Homo habilis* (plus de 2 millions d'années en Tanzanie).

Il était donc nécessaire d'avoir acquis la bipédie permanente avant de coloniser la savane pour disposer d'une chance de survie. Toutefois, c'est une forme de locomotion largement répandue dans tout le règne animal, des dinosaures aux oiseaux en passant par le kangourou, sans que cela ait automatiquement eu de conséquences sur leurs capacités cérébrales et par là même sur leur intellect. Le fait n'est donc pas remarquable en soi. Ce facteur était donc nécessaire, mais non déclenchant. En revanche, la survie en milieux ouverts nécessitait de nouveaux acquis comportementaux.

Dans les habitudes alimentaires d'abord : les sources végétales se faisant plus rares, l'alimentation carnée est devenue plus importante, bien que ce fait ne soit pas suffisant. En effet, les chimpanzés vivant en régions arides ne consomment pas plus de viande que ceux qui habitent en forêt : un apport calorique en savane arborée semble donc possible pour les grands primates. Il semble donc qu'il s'agisse bien d'un choix comportemental. Cette augmentation de la consommation carnée, dont témoigne par exemple l'usure dentaire chez les australopithèques, nécessitait une solidarité renforcée du groupe. Celle-ci était indispensable pour élaborer des techniques de chasse plus complexes du fait des difficultés de capture liées à l'ouverture du paysage ou pour faire face aux prédateurs concurrents en cas de charognage, autre source possible de viande. Cette organisation renforcée du groupe est la condition *sine qua non* de la vie des primates en savane, où l'individu isolé n'a aucune chance de survie. Il fallait donc que cette aventure soit collective et que le groupe assimile un ensemble de « coutumes » lui donnant une cohérence suffisante, grâce à un certain nombre d'astuces sélectionnées parmi la multitude des comportements sociaux déjà disponibles chez ses congénères. Une coordination collective était nécessaire pour faire face aux dangers : la supériorité des stratégies face à la puissance des prédateurs est utilisée par d'autres espèces, mais avec des moyens sans rapport avec ceux nécessaires à la survie dans la savane. Cette coordination implique une amélioration des communications entre individus, par le développement du langage sous toutes ses formes : sonore, gestuelle, mimétique, et donc un développement du monde symbolique.

On peut discuter de cette hypothèse où le passage d'une alimentation herbivore à omnivore aurait provoqué une « rupture conceptuelle du monde » par suite du traumatisme de devoir mettre d'autres espèces à mort pour assurer sa survie. Les grands singes actuels consomment environ 5 % de viande, par chasse essentiellement, en solitaire ou coordonnée en groupe, éventuellement de mammifères bien plus gros qu'eux et d'une manière quelquefois « cruelle » à nos yeux, en consommant une proie vivante par exemple et sans manifester une quelconque gêne. Les mêmes sont pourtant capables de manifester des sentiments de tristesse face à un congénère défunt par exemple, voire d'élaborer une ébauche de rituel de deuil. Il semble donc bien difficile de trancher pour savoir si la partition nette entre notre espèce et les autres possède une origine à ce point ancienne ou bien si elle est intervenue plus tardivement. On peut y voir une vanité anthropocentrique : nos ancêtres les plus lointains, dès leur individualisation dans l'ordre des primates, auraient déjà eu une conscience morale plus élevée que n'ont pu en acquérir les autres primates jusqu'à aujourd'hui. Les techniques de chasse collectives ont en tout cas été un entraînement à la cohésion dans l'action, favorisé l'élaboration du langage et la solidarité dans le partage, et ont certainement contribué à creuser un écart entre ces protohumains et les autres espèces de la savane. À quel moment est apparue la conscience d'exister, pas tellement en tant qu'individu mais au moins en tant qu'espèce, par rapport au monde extérieur ? Ce pas semble bien avoir été franchi avec l'apparition de l'outil, du feu, de la chasse coordonnée.

La fabrication d'extensions techniques, en complément à une anatomie médiocre en milieu inhospitalier, signerait donc l'émergence de ce qui constitue l'esprit humain. Cependant, l'immense majorité des artefacts ne nous est pas connue parce que ceux-ci étaient immatériels, comme la danse, du fait de la nature éphémère de leur matériau ou bien parce qu'ils sont difficiles à retrouver compte tenu de l'étendue des territoires où vivaient alors les populations concernées, peu nombreuses. Les premiers qui nous sont parvenus sont donc en pierre (2,5 millions d'années) et indiquent d'emblée une technique respectant un apprentissage culturel : des éclats étaient enlevés à un galet dans une séquence de gestes bien définie. Il ne s'agit donc pas d'expériences ou de hasards heureux, mais de l'aboutissement d'une tradition, elle-même fruit d'une transmission, d'une réflexion et d'une adaptation à des usages intégrés. Il faut donc admettre que les différentes populations aptes à fabriquer des galets aménagés avaient développé un grand nombre d'activités intellectuelles (dans le sens de manipulation d'un monde virtuel) nécessaires à ce résultat. Pour cela, nous devons en tant qu'individus du XXIe siècle non pas nous figurer un simple galet grossièrement modifié, mais le transposer en un outil, telle une scie. Fabriquer une scie présuppose en premier lieu que l'on en ait besoin pour réaliser des actions que l'on ferait maladroitement sans elle ou bien que l'on perçoit comme possibles si on disposait de cette aide à notre anatomie. Ensuite, il faut que la scie elle-même ne soit pas le but final de l'action, mais un simple chaînon dans une multitude d'actions

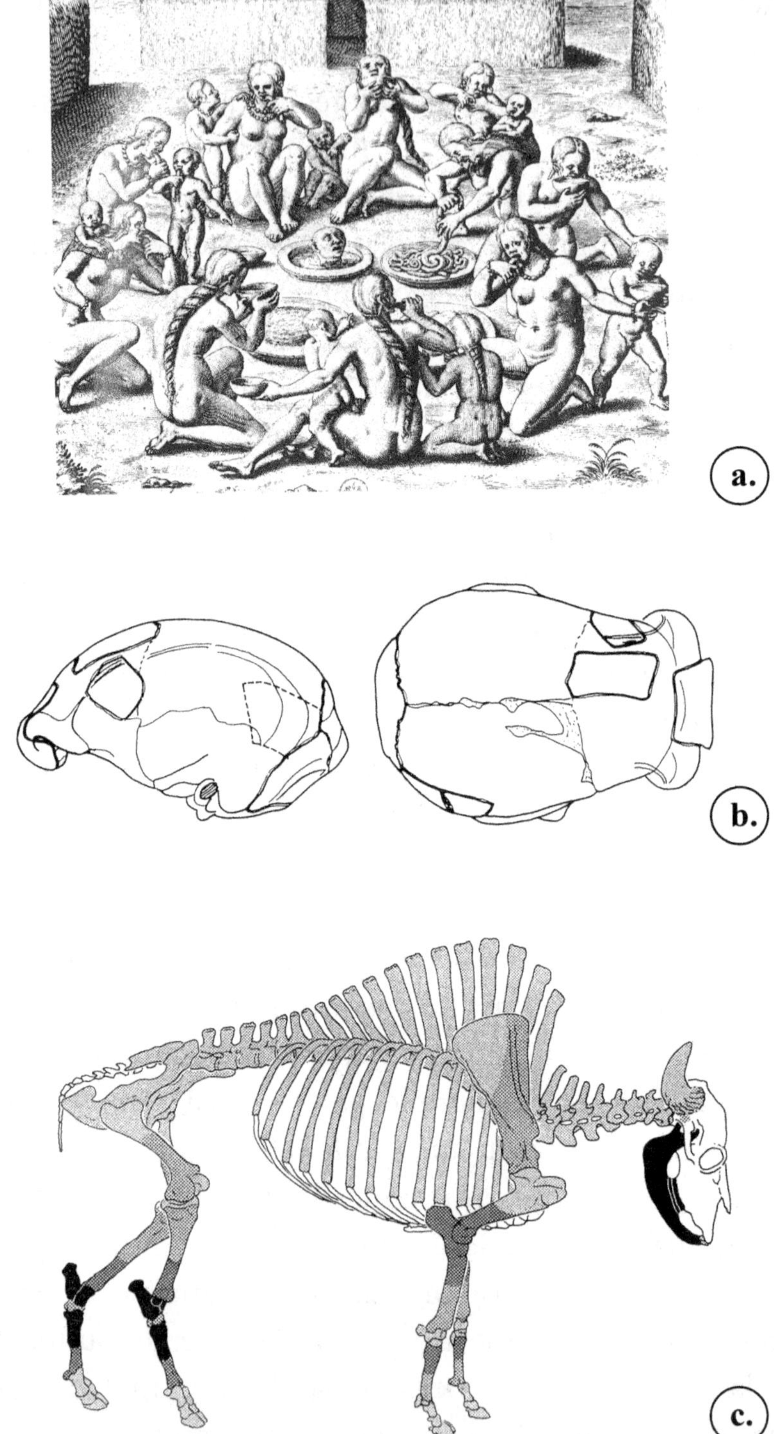

désirées comme ouvrir une clairière, monter une maison, fabriquer un outil, se chauffer.

Une fois mise en œuvre, cette scie ouvre vers de nouveaux gestes et de nouvelles applications impossibles à prévoir avant de l'avoir en main : c'est donc bien une étape marquante et non pas seulement conventionnelle que constitue l'apparition des premières productions manufacturées. Les choppers, premiers artefacts à nous être parvenus, n'étaient pas forcément les premiers réalisés car ils ne peuvent être issus que de la nécessité d'améliorer les résultats d'activités manuelles sur un ensemble de matières périssables, végétales ou animales.

Le travail de la pierre, matériau résistant et durable mais extrêmement difficile à modifier, n'est que tardif et

Planche 5. Les consommations de nourritures carnées furent la condition du primate humain. Il devint dès lors « anthropophage ».

En bas (c). L'échange calorique entre êtres vivants s'opère selon une multitude de procédés, chasse incluse. Mais la prédation d'animaux sauvages maintient la liaison sacrée à la nature qu'ils incarnent si bien : ils deviennent alors des trophées comme dans nos corridas actuelles. La dispersion des quartiers de viande démontre les règles sociales auxquelles elle obéissait, comme tous les chasseurs actuels la pratiquent encore. En particulier, l'encornure, symbole de force et d'agressivité, est souvent maintenue intacte à ce seul titre. L'essentiel des calories consommées est surtout végétal, mais ne présente pas le prestige de la proie, abattue par un être faible mais astucieux (d'après Marylène Patou-Mathys).
Au centre (b). Un comportement anthropophage analogue se retrouve dès le Paléolithique ancien (Bilzingsleben, 300 000 ans). Cuits, découpés, percutés, ces ossements démontrent la consommation des valeurs nutritives mais aussi sûrement spirituelles possédées par le défunt.
En haut (a). Partout sur la terre de telles pratiques anthropophagiques sont attestées. Elles choquent moralement, mais ne mange-t-on pas la « chair » du Christ ? Elles ne sont d'ailleurs jamais justifiées par la carence, mais toujours par des pratiques à valeur spirituelle. Il s'agit, comme en miroir, de l'emprise symbolique sur l'humanité elle-même qui consomme sa propre pensée.

marginal dans un artisanat à mains nues. L'apparition de l'outil est une victoire de l'astuce sur la difficulté, mais cet outil en pierre taillée destiné à fabriquer d'autres outils correspond à une étape supplémentaire de la prise de conscience de soi-même face au monde : ces galets aménagés traduisent explicitement la détermination d'une espèce à ne pas se limiter à la place anatomique que la biologie lui a donnée dans l'échelle des rapports de forces dans la nature. Il s'agit là apparemment de la première indication matérielle d'un regard sur le monde très particulier, apparu au plus tard avec les australopithèques auteurs des premiers éclats de quartz taillés. Savoir s'ils ont donné naissance à la branche dont nous sommes issus n'a finalement que peu d'importance car ils ont disparu. Diverses variétés d'australopithèques, très différentes les unes des autres, ont produit des outils lithiques : c'est assez pour savoir qu'une pensée prévisionnelle, des systèmes de transmission de ces cultures et une volonté de dépasser les limites anatomiques sont apparus à de multiples reprises dans le mécanisme évolutif du système biologique qui les a intégrés.

Avec l'adaptation d'un primate à la savane, une nouvelle évolution anatomique a en effet été mise en marche. L'association d'une bipédie permanente à un régime alimentaire plus riche grâce à l'apport carné a modifié l'appareil masticateur. Selon un mécanisme maintes fois décrit, le crâne s'est ainsi trouvé libéré des puissantes attaches musculaires maxillaires et cervicales, favorisant le redressement de la posture et l'expansion du volume crânien. La boucle était bouclée : les comportements sont alors devenus, comme disait Piaget, un « moteur de l'évolution ». Le système des modifications s'est autoalimenté pour des millions d'années : tout changement dans le rapport au monde modifiant l'anatomie, en particulier cérébrale, modifiait aussi le rapport au monde, et ainsi de suite.

À ce stade, il est raisonnable de penser que sont apparues des activités neuronales capables de faire preuve d'abstraction, d'avoir une conscience de soi, d'élaborer un monde virtuel permettant d'agir sur le monde réel. Comme l'ont démontré les biologistes, le monde minéral, lorsque certaines circonstances ont été réunies, a induit l'organisation de la matière en amas engendrant progressivement l'apparition de la vie. Cette vie s'est développée en explorant systématiquement tous les assemblages et toutes les formules possibles, dont l'apparition d'une capacité, visiblement liée au nombre des cellules nerveuses, à prendre conscience de sa propre existence et à trouver les moyens d'interagir avec elle, selon des modalités que n'offrait pas forcément l'environnement. Face aux contraintes auxquelles l'anatomie n'était pas adaptée et lorsque les stratégies comportementales étaient insuffisantes, les espèces ont dû soit modifier rapidement leur anatomie, soit s'éteindre. Apparut donc chez un certain nombre d'animaux, mammifères et primates, la capacité de trouver des solutions originales en se dotant par l'astuce de ce dont leur physiologie les privait.

On peut alors se demander : l'esprit est-il le produit des préoccupations liées à la survie, un certain nombre de primates se trouvant piégés dans des îlots de savane arborée se réduisant progressivement ? Ou bien s'est-il trouvé stimulé par la curiosité, le désir et l'audace de vouloir migrer

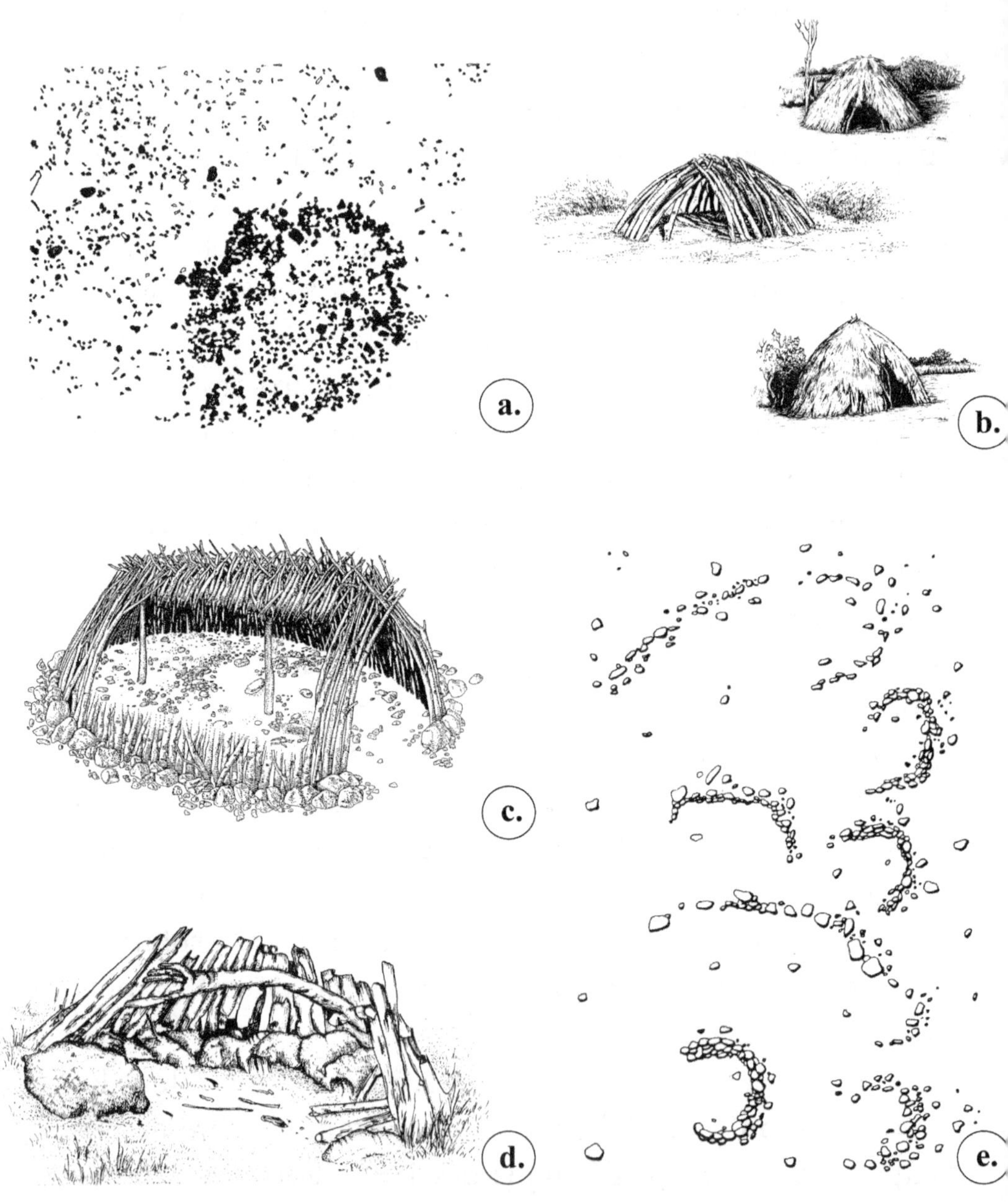
a.
b.
c.
d.
e.

vers ces étendues nouvelles mais inadaptées à leurs possibilités ? On peut imaginer tous les scénarios. On peut penser, par exemple, que la réduction des forêts tropicales créant une surpopulation et une concurrence critique chez les primates, les plus faibles ont développé certaines stratégies comportementales et techniques leur permettant de s'évader dans une aire sans concurrence avec leurs congénères. Cette hypothèse est valorisante pour la branche conduisant à ce que nous sommes. Cependant, elle n'a de valeur réelle que par les renseignements qu'elle nous fournit sur ce que nous aimerions penser de nous-mêmes et sur les limites de notre imagination.

Toujours est-il que cette aventure n'est devenue possible que parce que, prenant le relais de la sélection naturelle – ou la prenant de vitesse –, certaines espèces ont introduit un nouveau critère, dépendant à la fois de la quantité de matière grise utilisable et de la manière de s'en servir, privilégiant l'astuce, l'anticipation, les comportements

Planche 6. Avec l'apparition de l'humanité adaptée aux savanes, les protections artificielles s'imposaient, dont les variétés expriment l'adaptation aux milieux et aux besoins d'échange et à l'éducation.
En haut, à gauche (a). L'abri façonné délimite l'espace social du chaos naturel. Il apparaît dès les australopithèques (Olduvai, 2 millions d'années). Là, la protection, l'éducation, la mythologie peuvent être transmises. Il existe donc bien un monde « socialisé » opposé à l'autre et les termes de passage (ouvertures, portes) manifestent de telles transgressions par la voie magique (*en haut, à droite* (b), architecture vernaculaire, Afrique contemporaine).
Ces abris ouverts ne s'arrêteront guère : on les retrouve lisibles dans la délimitation des parois au sol, l'organisation des foyers intérieurs, les systèmes de support, les pierres de calage et les regroupements claniques (c : Terra Amata, Nice, vers 500 000 ans ; d : Tasmanie actuelle ; e : Orangia, Paléolithique inférieur).

coordonnés d'un groupe et par là même l'empathie entre individus. Voilà qui a enclenché un phénomène d'auto-amplification qui a mis, comme nous allons le voir, plusieurs populations protohumaines en concurrence, et ce durant des centaines de millénaires.

La spiritualité,
moteur de l'évolution ?

Le terme « spiritualité » est utilisé ici dans son acception large : elle recouvre tout ce qui relève de l'esprit. Dans ce sens, non seulement elle s'oppose aux mécanismes biologiques, mais elle étend aussi sa sphère d'action à des domaines abstraits quoique essentiels. Par exemple, l'anticipation, l'esthétique, le sacré. La conscience transforme le rapport de l'homme au monde. Son apparition conditionne d'autres aptitudes spirituelles et d'autres situations où l'audace de l'esprit s'engage (Morin, 1973). Pour ce faire, il a fallu des millions d'années, et ce, bien avant que la pensée ne débouche sur des applications mécaniques. Elle était nécessaire pour préparer la sortie de la forêt, pour concevoir et réaliser les armes et les abris.

La sortie de la forêt ne s'est pas accomplie de façon aléatoire ou occasionnelle (Coppens, 1983). Elle a été le résultat d'une pensée imaginative. Combattre le carnivore, se protéger la nuit, se solidariser : tout cela exigeait la pensée et l'imagination. Les milieux forestiers ne changent pas de place, ce sont les primates qui en sortent dès qu'ils le peuvent. Au commencement étaient donc la conscience, la pensée, l'audace !

La planche 1, par exemple, illustre de tels mécanismes rétroactifs entretenus entre couverture forestière et modes de déplacement : toutes les formules ont été tentées, sauf la sortie des abris naturels formés par les forêts denses qui protégeaient des prédateurs. Toutes les astuces ont donc été prévues, conçues, imaginées bien avant le départ des forêts. Déjà l'esprit concevait à l'avance les moyens permettant de consommer de la viande, de créer armes et abris, d'instaurer une solidarité.

L'enclenchement de la bipédie a libéré l'essentiel des fonctions masticatrices et la tendance a penché dans le sens de l'agrandissement de la boîte crânienne (planche 1.b). Ce processus universel et toujours en cours n'est que la lointaine conséquence du redressement anatomique : il ne possède aucune valeur spirituelle en soi. Tous les traits ostéologiques secondaires (aplatissement du front, recul de la face, développement de la boîte crânienne par exemple) ne sont que des effets rétroactifs de la bipédie, plus ou moins acquise selon les temps et les régions, mais sans aucune mesure avec les aptitudes cérébrales qui s'y développaient beaucoup plus vite. Les aptitudes de l'esprit déduites de la morphologie osseuse relèvent du racisme le plus simpliste.

En d'autres termes, la seule fonction qui nous « détermine » est en nous-mêmes. La quête perpétuelle, suscitée par le rêve, le désir, la pensée, est à la base de notre destin. Aucune modification externe ne peut en altérer le cours, mais les mécanismes fondamentaux de la pensée sont d'une telle complexité que seule une perspective étalée sur le plus long terme peut en faire apparaître la structure, par ses constances, ses rythmes et ses modalités. La durée du phénomène observé permet d'en approcher le mécanisme. Les réalisations comme le langage, la musique, la religion sont à ce point universelles qu'elles incarnent la spécificité de l'évolution humaine, mais leurs traces ne nous sont parvenues que de façon indirecte, par leur fonction gestuelle : les rites et les techniques, les symboles et les arts (planches 13 à 19).

Sur les squelettes, principale source documentaire des paléontologues, seuls des événements d'une extrême généralité peuvent être observés, car les mécaniques ostéo-musculaires restent largement en retard par rapport aux capacités cognitives, fluides, abstraites, rapides et sans limites (planche 1). Pourtant, ce sont les questionnements et la quête de leur solution qui ont constitué l'histoire humaine, bien plus que les aptitudes physiques, héritées de l'état naturel, tels des boulets à traîner, sans autre sens que les traces fossiles de leurs origines lointaines, un peu comme la disparition de nos dents de lait. Qu'importe en effet les caractères anatomiques de Bach ou de Balzac par rapport à leurs créations artistiques ? C'est pourtant, en modèle réduit, le lot quotidien des paléontologues, abandonnés aux seuls restes osseux. Inversement, l'archéologue spécialiste du comportement doit saisir la pensée en action, cette « déchirure » qui fait de nous des êtres lucides mais insatisfaits. Aucun reste osseux ne peut témoigner de ce combat entre la nature et la pensée : seuls les artefacts extra-somatiques le peuvent.

Pour ce qui concerne l'animalité de l'homme, on admettra ici que la bipédie (acquise par curiosité, audace, prévision) a affecté un quadrumane arboricole. Par conséquent, ce redressement a dégagé les membres antérieurs (bras, mains) de la fonction locomotrice. Ils sont entrés en dialogue avec la tête, *via* la mâchoire, la vision, l'olfaction.

La mâchoire a eu tendance à s'atrophier, car une bonne partie des opérations mécaniques est passée aux mains. C'est alors que la face a reculé. Les attaches musculaires se sont atténuées. Par rétroaction, le crâne s'est élevé et élargi. Le trou occipital est passé en position verticale et a accentué le phénomène de retrait facial (planche 1.c). Un ballon de baudruche ne fonctionne pas autrement. La capacité crânienne, sacro-sainte dans nos vieux livres, ne possède aucune signification cruciale puisqu'elle résulte simplement du mode de locomotion. Le rapport entre le volume crânien de l'éléphant et celui de la souris est énorme, mais serait-il relatif à la même différence d'intelligence ? De toute façon, le cerveau (animal et humain) est un organe si complexe qu'aucun rapport direct ne peut exister entre sa masse et ses performances : la Terre entière est couverte de populations totalement disproportionnées dans leur taille et totalement équivalentes quant à leurs performances (planche 4). Celles-ci contiennent d'ailleurs notre véritable défi, nos champs d'étude, qu'aucun bout d'os (ni de gène) ne viendra éclairer. L'histoire est faite d'audace, pas de stabilité. Le comportement peut être estimé par les réalisations dites « extrasomatiques » (non anatomiques). Encore n'y verra-t-on que ce qui a été effectivement réalisé, non ce dont on était capable. Cependant, même ces traces, sûres mais espacées, requièrent une approche théorique appropriée et loin de toutes composantes naturelles dont l'homme n'a que faire. Il a mis les lois mécaniques à sa disposition, selon ses intentions, son habileté et son imagination.

Dès les premières traces, on remarque des emmanchements, des systèmes emboîtés augmentant la force et la précision du geste. Tout ce stade révèle l'étroite coordination entre intention, lois mécaniques combinées et, déjà, une forme de « démiurgie », car, par son astuce, l'homme a contrarié les lois matérielles imposées par sa propre biologie. La science de ces lointains processus d'élaboration et d'expérimentation reste encore embryonnaire. Deux siècles de recherches préhistoriques ont permis de rassembler des milliards d'informations, parfois directement intelligibles, mais la compréhension totale qui nous mènerait de Lucy à aujourd'hui nous fait encore défaut.

L'absence d'une telle théorie tient à divers facteurs. Une sorte de hiérarchie collective place « spontanément » les aspects biologiques au-dessus des sciences humaines et comportementales. Probablement parce que les premières sont plus faciles à appréhender, qu'elles sont tout simplement « vérifiables », qu'elles nous ont précédés dans l'histoire. Et peut-être aussi parce que les sciences biologiques ne disent rien sur le comportement. Peut-être encore parce qu'une science de l'homme considéré dans son évolution nous effraie (telle une caméra glissée dans notre œsophage). Longtemps, ce fut par les textes religieux, mais la science elle-même n'est guère adaptée aux processus évolutifs, même répétés mille fois en des lieux totalement séparés.

À côté de milliers de revues scientifiques, quelques centaines seulement traitent des sciences humaines, archéologie et histoire incluses. Pas une seule sur toute la planète n'est consacrée à la plus complexe des sciences : la constitution de la pensée et des émotions au fil du temps. Probablement son extrême complexité fait-elle reculer, au moins pour deux raisons : la crainte de sa complexité et le désespoir, équivalent et faux, d'y trouver jamais la clef

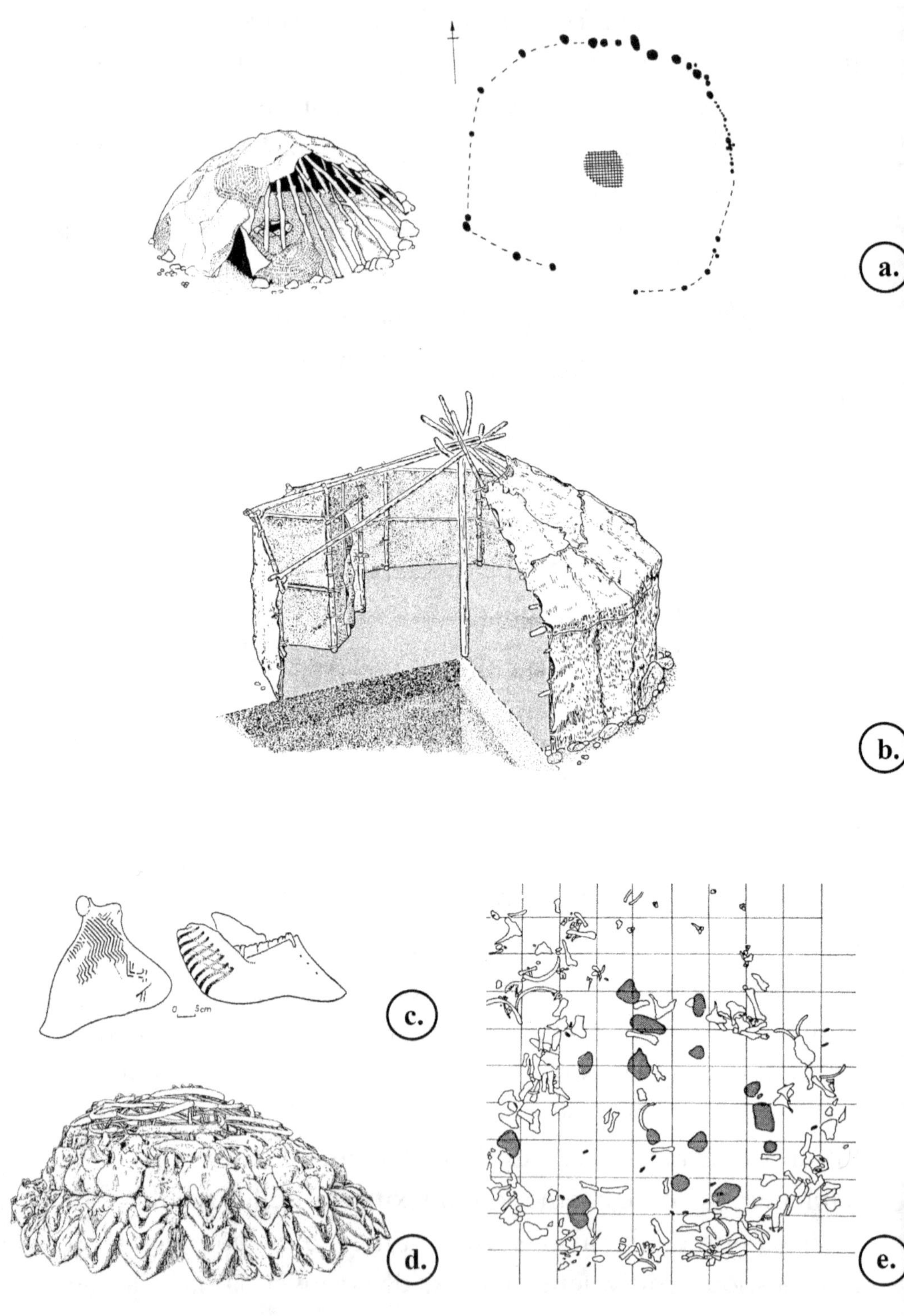

d'un agencement cohérent. Edgar Morin (1973) avait tenté une approche, assez courte, mais brillante et restée sans effet. André Leroi-Gourhan (1964-1965) l'avait jadis aussi cherché, mais il restait encore très imprégné par la biologie évolutive, dont il ne voulait pas se séparer. Claude Lévi-Strauss (2009) a effectué un autre pas, mais jamais dans une perspective historique, toujours dans l'actualité de l'observateur : une large part de son approche structurelle touche au génie, mais en un sens « horizontal », dans la synchronie.

De plus, les connaissances de la préhistoire ont surtout été récoltées par des naturalistes, sans aucune perspective ethnologique, moins encore historienne. On mesure l'effort à consentir et le travail à fournir pour briser les tabous, abattre les frontières académiques et considérer ce qui est propre à l'homme : sa pensée, sa sensibilité, son imagination et surtout sa fonction symbolique et sa spiritualité au fil de son élaboration. Nous sommes loin des nageoires transformées en mains et d'un primate devenu homme par

Planche 7. À travers de multiples formules, l'habitat construit instaure toujours une distinction fondamentale entre le monde intérieur, structuré par la culture, et le chaos du monde extérieur, « sauvage ». Intermédiaire entre ces univers incompatibles, l'entrée porte des marques sacralisées (foyer, roches sculptées, ossements peints).
En haut, à gauche (a). Les premiers abris fixes du Mésolithique garderont les mêmes formes au sol (Irlande, VIIe millénaire).
Les superstructures élaborées au-dessus du sol présentent aussi des fonctions religieuses, telle la yourte de Gönnersdorf (au milieu, à droite (b), Allemagne, XIIe millénaire) couverte de plaquettes gravées. Les amas d'ossements de mammouths couverts de peintures rouges schématiques, identiques aux décors mobiliers contemporains (c, d, e, Mézine, Ukraine, XVIe millénaire).

la bipédie, la forme de son crâne ou le nombre de ses dents. La fragile préhistoire, science de l'esprit, se trouve écrasée entre deux autres : la paléontologie et la biologie moléculaire, toutes deux sans le moindre rapport avec la pensée, pourtant au centre du processus.

5

Naissance de l'humanité

L'humanité originelle a quitté la nature arborée où tous les autres primates trouvaient une protection spontanée. Les variations climatiques avaient maintes fois rendu possible cette sortie de la forêt et cette adaptation à un milieu ouvert, mais seule l'humanité a durablement réussi.

C'est pour répondre à ce défi biologique que le comportement a changé pour faire place à la solidarité, à la protection organisée, à la création technique. L'imagination a alors primé sur l'action.

Des outils nouveaux ont en quelque sorte été exsudés du corps anatomique. Les roches conçues pour leur aspect, leur masse, leurs qualités mécaniques, ont progressivement remplacé les limites imposées par l'anatomie (planche 2). Un langage technique a fait son apparition par transmission et imitation. Il est curieux de constater aussi que, dès les tout débuts, les matériaux utilisés étaient composites (colles, bois, roches) et que leurs agencements passaient par la symbolisation beaucoup plus que par l'efficacité. Dès le départ, la valorisation a été le fondement de la gratification sociale, comme toute la chaîne des outils et des armes ne cessera de l'illustrer sous la forme de « langage technique », où apparaissent les notions de catégories et d'articulations syntaxiques, matériellement reconnaissables par leur inscription dans la roche (planches 3 et 4). Les outils en pierre persistent si longtemps qu'ils nous parviennent avec régularité à chaque période. Ainsi peut-on y « lire » les agencements combinés et successifs qui reconstituent l'enchaînement de gestes et qui aussi illustrent la flexibilité des intelligences successives qui les ont fait naître.

Les chaînes de gestes nécessaires à la fabrication d'outils ont aussi été forgées par la conscience afin de donner un sens à la réalité éprouvée physiquement. Les premiers abris construits, délimités par leurs traces au sol, découpent un espace social où l'éducation est protégée et qui s'oppose au chaos des aires sauvages externes (planche 6). Ces abris construits au-dessus du sol délimitaient le lieu domestique dans l'espace naturel, jusqu'à nos plus récents bâtiments (planches 7 et 10). Ils sont percés de portes sacralisées afin de marquer ce passage. On y éduque, on protège, on soigne, on rassure, on nourrit. L'habitat construit, dès 2 millions d'années à Olduvai (Tanzanie), manifeste de façon tangible la distinction entre la nature et la culture. À travers tous les espaces, ces abris nomades et sophistiqués accompagnent chasseurs et éleveurs. Au fil du temps, ils reflètent les composantes internes du groupe social ou des fonctions associées : la tête animale, l'amas osseux, le foyer, le décor, tout y porte vers la désignation symbolique des peuples par leur architecture (planche 7). Ce mécanisme conduira droit aux « temples » lorsque les populations seront organisées par délégations fonctionnelles. Leurs supports, leurs décors, leurs hauteurs imposeront la possession, définitive et prestigieuse, d'un sol devenu pourvoyeur de la vie, et protecteur du temps (planche 10). Cette humanité a aussi complété les calories végétales, abondantes en milieux forestiers originels, par celles récupérées sur la chair des autres animaux qu'il fallait tuer et manger. Le premier sacrifice a alors été consenti car l'animal, analogue à l'homme par sa vie, sa souffrance, son sang, devait être suspendu de la sacralité à laquelle cette analogie le plaçait.

Au sein des forêts tropicales où la vie exubérante produisait sans cesse de la nourriture en abondance, toutes les expériences de vie ont été essayées pendant des millions d'années : le lémurien de Madagascar au pas dansant, le paresseux gorille sous l'équateur, les criards mandrills du Brésil suspendus par leur queue, les macaques savants du Japon qui plongent leurs patates douces dans les lacs pour les laver, les chimpanzés qui taillent la pierre, les babouins organisés en sociétés tribales et agressives. Toute la gamme de nos comportements est là, peu ou prou. On peut imaginer que certaines espèces ont même tenté de s'affranchir de la protection offerte par les arbres et ont aussitôt été exterminées par les prédateurs. Il a donc fallu qu'au sein de la forêt, soient conçues des manières de la quitter sans risque.

Quoi qu'il en soit, la conquête des savanes s'est amorcée à un stade préhumain. Il a fallu disposer d'un équilibre anatomique constant sur deux jambes et aussi tenter l'expérience d'une alimentation carnée, car l'abondance frugivore de la forêt n'existait plus. Les membres extrêmement primitifs ont aussi dû se transformer en outils : les doigts qui cassaient des noix ont eu à s'occuper de cailloux, puis des bâtons qu'ils pouvaient appointer (planche 3). La solidarité acquise par le groupe a alors permis de défier les prédateurs naturels et des abris inaccessibles ont pu leur être opposés. Toutes ces innovations particulières conçues en forêt bien avant de franchir le pas décisif de la transition ont été rassemblées systématiquement dans le seul but d'atteindre cette victoire : la détermination à répondre au défi naturel. Ces élaborations ont pu s'étendre sur des millions d'années, franchir quelques étapes puis disparaître momentanément ou réussir pour un temps, avant d'être balayées par d'autres tentatives, puis reprises à nouveau. Rechutes, recompositions, échecs caractérisent toujours les structures sociales.

Les singes ont aussi expérimenté toutes les formes de protection (nid, trou d'arbre), d'alimentation, d'affection, de prédation, d'attaque, d'observation, de camouflage et de déplacement possibles pour un quadrumane vivant en milieu forestier (Lieberman, 1972). Aucune des caractéristiques humaines n'est absente dans le monde primate. C'est cependant la sortie de la forêt qui a permis de mobiliser ces comportements autour d'un tout nouveau défi, complémentaire à toutes les autres épreuves et nullement indispensable. Il n'existe en effet aucune raison logique à un tel bouleversement, sinon l'audace de certains primates tentés par le jeu. Si on considère l'ensemble des familles créées avec succès par le monde animal, augmentées de celles qui n'ont abouti à rien, on conçoit le nombre invraisemblable de fois où cette sortie a été tentée et presque toujours ratée. C'est dire si l'homme a été une exception extraordinaire au départ.

Si on considère globalement les mécanismes enclenchés chez les populations qui ont quitté avec succès la protection végétale pour une savane chargée de prédateurs – disons du ramapithèque (14 millions d'années) à l'*afarensis* (environ 4 millions d'années) –, on constate un univers de différences avec les primates pourtant tout proches restés en forêt et l'humanité en devenir. À ce stade, dès qu'une communauté (et probablement plusieurs) s'est solidarisée, elle a développé des cadres de valeurs, bientôt transformées en règles morales. Il en est sorti une structure sociale nouvelle, par exemple pour ce qui concerne la récolte et le partage de la nourriture, les lieux de rencontre, de transmission et de réconfort (planche 6). Le lien affectif garantissait aussi la sécurité collective. Cette organisation collective se présente en amont comme un renforcement des règles individuelles devenues vitales et en aval comme le seul moyen de se protéger d'une organisation ennemie spontanément supérieure. Peut-être peut-on imaginer mille et une tentatives vouées à l'échec jusqu'au succès de l'une ou de l'autre lorsqu'on a « compris » la stratégie nécessaire à l'habitat ouvert, impropre à l'anatomie originelle. Compenser sa faiblesse physique, voilà ce qui a fait l'homme et ce qui a fondé son extrême souplesse intellectuelle. L'organisation du groupe ne suffisant pas, il a en effet fallu avoir recours aux pierres taillées, réalisées pour le dépeçage des proies et grâce auxquelles le poing s'est alourdi et la main est devenue dure (planche 2). Afin d'entretenir une défense plus éloignée et concentrique sur laquelle l'animal qui chargeait venait s'empaler, de longues tiges de bois ont été appointées. Tout espace conquis est ainsi devenu un espace « humanisé ».

S'il semble acquis qu'un mode de vie nouveau a bien résulté de l'audace et du raisonnement, les conséquences ostéo-musculaires ne se sont fait sentir que très progressivement, en admettant que la population-cible concernée ait pu préserver son mode de vie nouveau et se reproduise. Les traces marquées sur les couronnes dentaires illustrent dès l'australopithèque la diversité des ressources : de la graine à la viande, une tendance propre à la savane, inaccessible en forêt et attestant d'un choix diversifié. En d'autres termes, la rupture dans l'exploration des ressources alimentaires s'est inscrite dans la structure ostéologique la plus sensible : l'appareil masticateur. Or cet élément fondamental dans l'anatomie de tout vertébré entretient une relation étroite avec les membres supérieurs, où cette mastication se prépare (planche 1) : tout le squelette s'en trouve ainsi déséquilibré et la station verticale est accentuée. Si la préparation par les mains se poursuit durant la marche, le squelette manque de stabilité, mais gagne en efficacité. La marche et la course deviennent possibles à mesure que le bassin se réduit. La course maladroite d'un primate actuel (exemple, le chimpanzé) est due aux doubles mouvements curvilignes effectués à chaque pas dans une architecture ostéologique encore liée à l'arbre. Inversement, si une station dressée présente d'évidents avantages en milieux ouverts (vision lointaine, course rapide), la répartition des masses osseuses et musculaires de la tête tend à la stabilisation verticale sur le modèle de la boule du bilboquet (planche 1). Ce processus a nécessité quelques millions d'années pour son accomplissement et s'est d'autant plus accentué que les mains, ainsi libérées, entretenaient le mécanisme fondamental d'interaction entre le cerveau qui songe et la main qui exécute. Le couple main/crâne s'est équilibré au cours des différentes phases d'hominisation. L'appareil ostéo-musculaire, d'inertie quasi nulle, déléguait ses possibilités à la pensée, elle-même désormais beaucoup plus souple et plus efficace.

Ainsi, l'acte a-t-il glissé du côté du concept, et la liberté acquise dans tous les domaines a fait de ces premiers bipèdes des êtres symboliques. Avec la nécessité physique d'une protection artificielle (l'homme tombe de l'arbre dans son sommeil paradoxal), il a fallu concevoir des contreparties matérielles et socialisées : partage du temps de sommeil ou élaboration d'abris. En retour, cette notion d'habitat (bientôt de « foyer ») divise l'univers en deux : celui des hommes et celui des autres. Les cousins primates sont devenus des animaux.

Lorsqu'on considère l'alimentation carnée, l'écart est plus fort encore : il a fallu surmonter la répugnance spontanée d'un herbivore pour non seulement consommer de la viande crue qui ressemblait tellement à la sienne, mais surtout pour la « mettre à mort » afin d'en saisir la vie pour son propre groupe. Toute population traditionnelle conçoit une solidarité spontanée avec la nature et n'y prélève que ce qui est exclu de cette communauté sacrée. Les australopithèques et les *Homo* contemporains ont dû surmonter cette répugnance, assortie de la sacralité dès que son symbole a été conçu.

L'acte de création d'outils en fournit d'autres exemples. Des traces d'usage d'outils coupants se retrouvent à plus de 3 millions d'années sur des ossements découpés, clairement de façon intentionnelle (McPherron, 2010). Remontée avec soin par les archéologues, chaque écaille extraite d'un

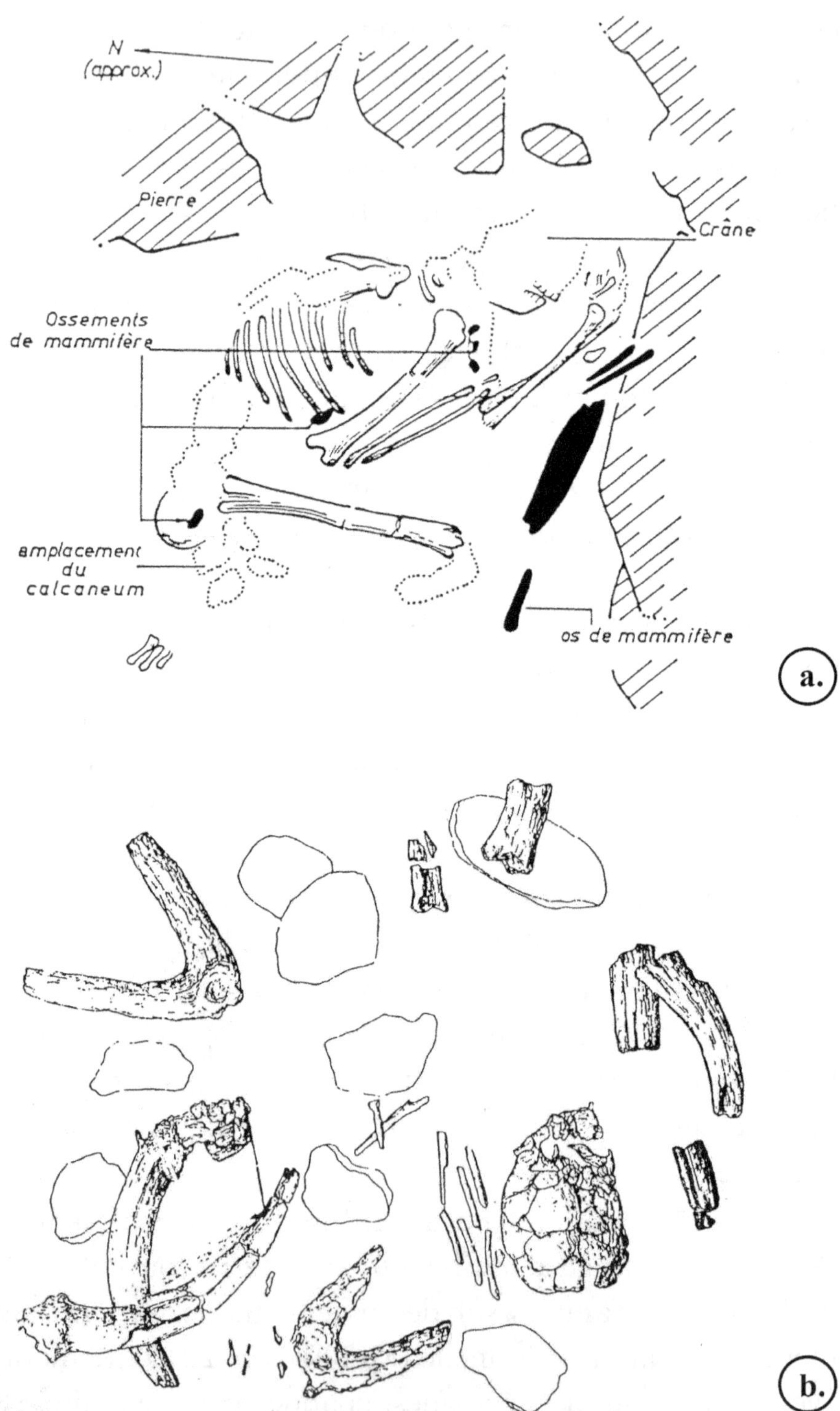
N
(approx.)
Pierre
Crâne
Ossements
de mammifère
emplacement
du
calcaneum
os de mammifère
a.
b.

bloc témoigne de la pensée qui l'a précédée car son extraction était stéréotypée, systématique. Cette souplesse devait nécessairement trouver ses équivalents dans la parole comme dans la pensée, fût-ce sous forme rudimentaire. Les restes d'animaux abattus et consommés montrent l'intelligence mise en œuvre pour prévoir le comportement du gibier et en assurer la prédation par l'organisation du groupe et sa redistribution familiale. Tout cela pousse à considérer qu'il existait désormais un monde partagé par la conscience et par le langage. Les groupes solidaires étaient dotés de croyances, de connaissances et d'intérêts communs auxquels s'opposait le monde de la nature. L'humanité était née.

Les origines de l'humanité considérées jusque-là peuvent être résumées en trois points :

1. Un grouillement dans le monde des primates au sein de forêts tropicales, où toutes les expériences ont été testées pendant des millions d'années quant à la locomotion, la communication, l'esthétique, l'alimentation, l'éducation et la technicité.

2. Diverses tentatives relevant du « jeu », c'est-à-dire de la mise en pratique de l'imagination, cherchant à surmonter

Planche 8. Les sépultures manifestent la séparation entre l'humanité et la nature, réduite à l'état d'attributs.
Le glissement de l'habitat fixe et multiple passe par la « maison du mort » (sépulture, a et b) jusqu'à l'intégration totale des uns et des autres au Mésolithique. Toute la symbolique du rapport de l'homme à l'espace sacralisé s'y trouve illustrée : la distinction entre homme et nature, l'appropriation de la pérennité (avec ossements d'animaux associés), enfin les sépultures dans l'habitat où la consécration fut totale et perpétuelle, aux prémices du Néolithique (Shanidar, Irak et Techik-Tass, Ouzbékistan).

les contraintes forestières en combinant certains aspects non biologiques disponibles chez les primates : le leurre, l'astuce, la prévision ; à force de répétition, ce scénario a pris matériellement forme en bordure de savane où le milieu changeait radicalement, devenant lui-même déterminant.

3. De nouvelles contraintes nées de ces tentatives avortées, opposées à la survie, glissant du côté de la pensée et de la parole : arme, abri, prédation ; cet ensemble fournit la clef du développement humain, car il institue grâce au symbole un décalage entre la pensée et le geste. Enfin, il requiert une superstructure cognitive.

Toute autre famille animale aurait pu franchir le seuil de la bipédie (comme certaines effectivement), mais elle n'aurait possédé ni la gamme des expériences affectives et techniques acquises en position assise ni la communication, et moins encore l'aptitude à transférer les fonctions mandibulaires à des mains si agiles. La capacité crânienne, ouverte par la mécanique bipède, s'est trouvée de telle sorte progressivement comblée par une masse neuronale en expansion et en réorganisation. Comme évoqué plus haut, les forces de suspension de la boîte crânienne ont eu tendance à s'annuler dans la mesure où la station debout permettait un équilibre du crâne au sommet de l'échine dorsale. Les muscles et leurs attaches cervicales n'ont plus eu à tirer la tête vers l'arrière (comme chez notre chien) pour maintenir l'équilibre. Corrélativement, la mâchoire a perdu de sa puissance et de son importance à mesure que les mains, désormais libérées de la locomotion, préparaient les outils et la nourriture. La face s'est donc aplatie, en équilibre avec l'arrière-crâne. La partie supérieure de la voûte crânienne, à l'intersection des deux premières, s'est développée en une forme de gonflement, vertical et fragile, là où les neurones se multipliaient en réponse à la symbolique, gestuelle, langagière ou sociale, devenue la seule condition à sa survie.

Ces processus fonctionnent depuis des millions d'années en corrélation constante. Ils expliquent pourquoi notre allure est passée de celle d'un primate quadrupède à celle du bel Apollon que nous sommes tous devenus à présent. On ne saurait ici trop insister sur l'aspect global de cette mécanique complexe, toujours active aujourd'hui. Elle explique bien des attitudes racistes et bien des confusions dans la nomenclature des hommes eux-mêmes. Ce proces sus ne constitue pourtant qu'une *tendance*, une enveloppe active sur la trajectoire de la bipédie. Son état ne reflète rien d'autre qu'une situation ostéo-musculaire sans aucun rapport avec les capacités cérébrales. Dans les régions géographiques isolées, d'accès difficile, voire entre les différentes castes, les variantes de telles constitutions ont tendance à s'accentuer : c'est ce qui a fait basculer des populations entières du côté des « non-humains ». Le sort des Pygmées comme des néandertaliens, des Aborigènes d'Australie comme des pithécanthropes fut ainsi scellé.

La « charnière » chronologique se situe vers 10 millions d'années, date à partir de laquelle une diversification s'amorce sur le plan anatomique. Les différentes familles d'australopithèques, en Afrique, comme le gigantopithèque de Chine, forment autant de tentatives, provisoirement réussies, de vie bipède, avec tout ce que cela implique d'aptitudes cognitives nouvelles et nécessaires, du groupe social aux aptitudes techniques. Cependant, parmi ces formes dressées, une lignée semble spécifiquement humaine.

À cette époque, des vestiges sont également connus en Chine (Longuppo) ; l'origine géographique ultime de la seule humanité reste donc discutable dans le foisonnement des primates dressés non humains de cette longue période. Dès son apparition toutefois, *Homo habilis* présentait de si profondes différences avec l'australopithèque contemporain qu'il n'a pu exister de filiation de l'un à l'autre : l'encéphale d'*habilis* s'est arrondi au détriment de la face en recul, ce qui implique, en amont, une locomotion bipède beaucoup plus performante, donc une meilleure adaptation à ces espaces ouverts et à la relation entre mains et pensée.

En somme, l'origine première de l'humanité tient à une double vocation détenue par la nature animale directement antérieure et tout spécialement par la vaste variété des primates arboréens. Ces innombrables capacités peuvent être réduites schématiquement à deux catégories d'aptitudes.

La première, la plus simple sinon la plus évidente, concerne l'ensemble des modalités locomotrices, disons du vol plané à la locomotion terrestre des babouins. La gamme est immense et ne se prête pas volontiers à une totale réduction ici, car le propos touche l'étape suivante. Toutefois, mécaniquement, la preuve est faite que les primates (eux au moins mais pas seulement) ont multiplié à l'infini les diverses formules locomotrices, à la différence, par exemple, des ongulés, qui évoluaient vers une course rapide. Les primates ont testé toutes les formules possibles de déplacement, jusque et y compris la course sur la terre ferme. Les exemples actuels, ajoutés à l'information fossilisée, attestent de la constance de cette préoccupation. Trop souvent, la paléontologie a été tentée de chercher les analogies à la locomotion humaine dans ces franges de singes dits

« anthropomorphes », et elle évoque ce qu'a pu être la nôtre au départ en oubliant que la bipédie n'est qu'un processus mécanique vers lequel toute espèce a pu vouloir tendre, tel le lémurien de Madagascar, l'un de nos plus lointains parents biologiques. Que le chimpanzé casse des cailloux n'a rien à voir avec l'éventuelle tentative de redressement, partout recherchée comme modèle à notre propre tentative locomotrice originelle. La plupart des singes sont au contraire très « stables » car très perfectionnés quant à leur architecture osseuse, leurs règles sociales et leurs modes alimentaires. S'il fallait chercher un modèle parmi les primates pour nos propres tentatives vers la bipédie originelle, il faudrait plutôt examiner les modèles « insatisfaits » (les macaques, les babouins par exemple) de l'évolution, en perpétuelle mutation comportementale, car il ne s'agit que de ça. Les tableaux de proximités biologiques ne présentent guère d'intérêt pour ce mode d'approche, car ils se fondent sur des proximités d'un tout autre ordre que ceux régissant les mécanismes ostéo-musculaires en voie de transformation comme dut l'être l'humanité originelle.

En clair, les modalités déployées par tout être vivant disposant d'un squelette interne et en quête d'adaptation à un nouveau milieu seraient matière à réflexion bien plus pertinente pour expliquer l'origine de l'homme et de la bipédie que de tenter de faire répéter des syllabes à un pauvre chimpanzé qui n'en a que faire, étant installé au pinacle de sa propre évolution.

Retenons que la « tendance » à changer de milieu, de mode de locomotion ou de système alimentaires se déroule toujours sous nos yeux sans aucune pression environnementale qui rendrait ce changement nécessaire, voire souhaitable. Par exemple, la ressemblance du dauphin avec un poisson se moque de toute classification biologique : elle n'est que le résultat mécanique du milieu qu'aucun déterminisme n'a imposé, mais que les ancêtres du dauphin ont testé, puis « choisi ». Ils n'ont pas été jetés à l'eau par un quelconque cataclysme car ils auraient été anéantis immédiatement. La tendance forgeant l'évolution ne part pas du milieu futur, mais de l'espèce qui s'y adapte lentement. Un cheval ne court pas plus vite parce que les steppes se seraient ouvertes à lui, mais parce qu'il s'y est adapté, parmi mille autres options possibles au départ, alors les steppes se sont offertes à sa course.

Pour en revenir à l'humanité, le choix s'est fait, peut-être mille fois répété en vain, mais toujours soutenu et renouvelé obstinément, de s'étendre à un milieu très hostile au départ, mais pas davantage que la mer ne l'était aux premiers dauphins. Quel pouvait être le moteur de ce choix, apparemment « contre nature » ? C'est ici que l'hominisation prend toute sa force. Si on énumère les dangers de la savane pour tout primate qui s'y perdrait, ils sont si nombreux et si durs qu'ils ne leur laissent aucune chance, sauf s'il s'y prépare bien avant de quitter la forêt. Il devait donc être conscient des risques et prêt à les surmonter afin de défier la savane par une série de parades judicieuses et bien coordonnées. La station debout, clairement acquise avant, non après la sortie des forêts, l'a aidé. Sinon, nous ne serions pas là pour en parler. Toute tentative prématurée (c'est-à-dire antérieure à l'autoprotection sociale), si elle a pu se reproduire des millions de fois, a échoué aussitôt car ces premiers aventuriers primates n'étaient pas préparés à affronter le tigre ou le lion. L'adaptation culturelle a donc été conçue et réalisée antérieurement au franchissement « historique » d'un milieu à l'autre et par la coordination symbolique préalable, c'est-à-dire en dépassant les seuls facteurs physiques.

Cela nous amène à la seconde catégorie d'aptitudes nécessaires à l'apparition de l'humanité, qu'on ne peut désolidariser de la première, purement mécanique. Revenons aux milieux non humains qu'offrent les forêts tropicales. Une très large gamme de comportements codés s'y trouve dispersée, notamment à l'intérieur du règne des primates. On peut par exemple considérer la robe, chatoyante et variable, des singes capucins pour y découvrir des messages de séduction et de parade, olfactifs autant que visuels. On y observe toute la gamme des cris d'appel, d'alerte, d'indication alimentaire pour saisir leur importance dans une société solidarisée et intégrée à la canopée. Les gestes de tendresse, les mouvements d'humeur, les aptitudes techniques, l'expression des émotions et de la solidarité, la hiérarchie très stricte, le goût du jeu, de la plaisanterie, par exemple : tous ces comportements sociaux, non marqués par les seuls restes osseux, transitent du cerveau à l'action dans des intentions purement symboliques, là où l'esprit décale le stimulus et sa réaction, afin d'y introduire le jeu d'une analyse. Parmi bien d'autres, ces comportements intellectuels étaient à la disposition, au moins visuelle, de certains primates protohumains alors que, parallèlement, l'anatomie, dans ses aspects mécaniques, s'adaptait lentement à l'idée de la savane et de sa conquête. Il a donc fallu coordonner ces moyens pour que des cellules familiales humaines se solidarisent, codifient pensées et comportements, ajustent le tout à un corps prêt à la course,

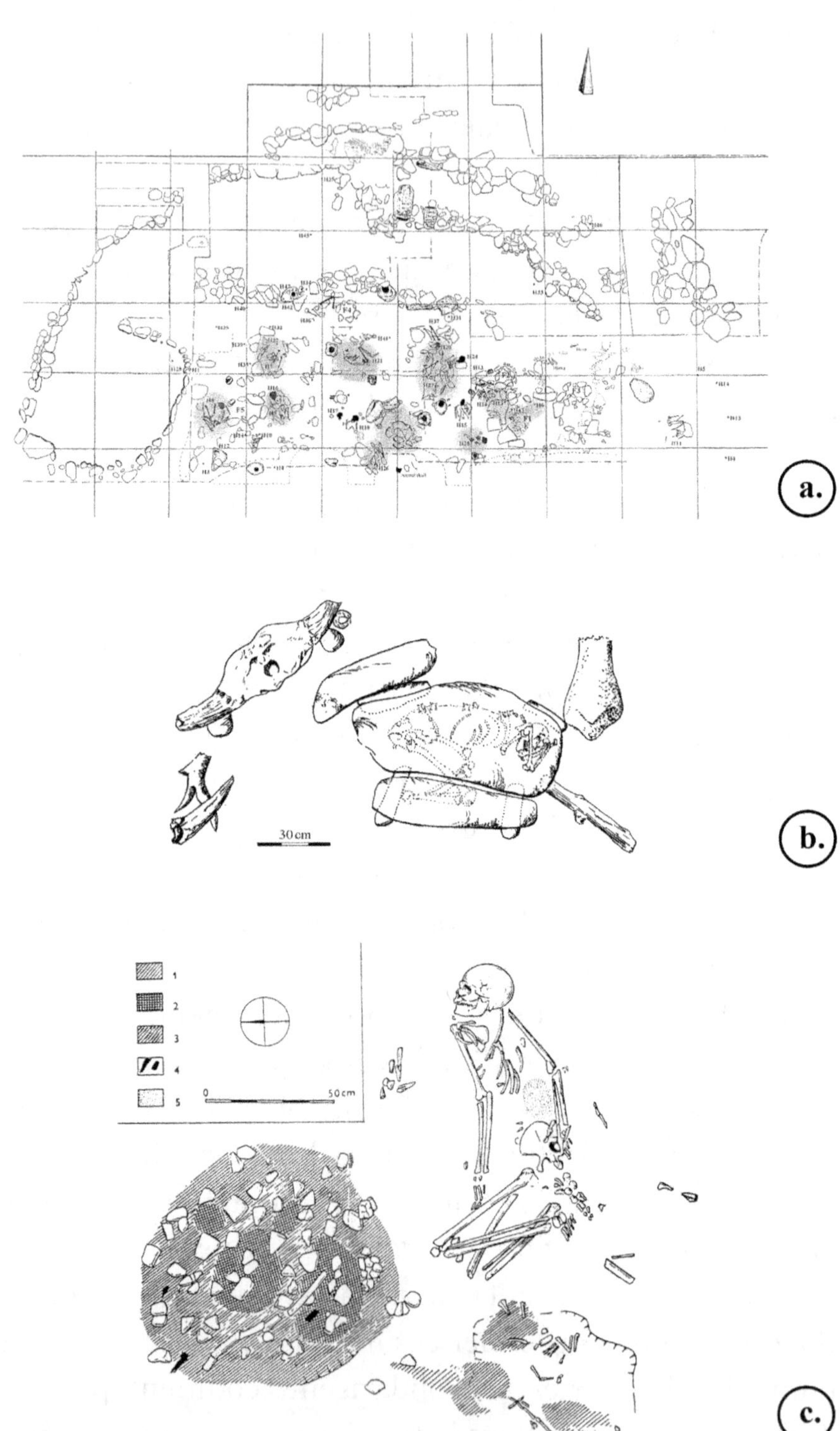
30 cm
1
2
3
4
5
0   50 cm
Animal skull
F5
F1

pour que les dangers de la savane se transforment en conditions favorables, tels qu'ils le sont encore pour nous, et pour nous seuls, chez les primates. Alors le groupe a pu affronter les félins, élaborer des stratégies inédites, utiliser des armes, bâtir des abris, pratiquer la chasse et se nourrir de viande. Cette « prise de conscience » d'un empire cognitif sur le monde a enclenché la conscience de soi sur un mode radical, puisque la pensée l'emportait sur la force.

Cette conviction a traversé toute l'humanité ultérieure jusqu'à la totale solitude désormais à l'horizon de l'aventure humaine. Peut-être, comme les coquilles amassées du Dévonien, allons-nous vers une masse humaine fossilisée entre deux strates géologiques ? Notre responsabilité est d'en prendre conscience et d'y remédier, s'il est encore temps.

Planche 9. Le jeu entretenu entre les emplacements de la sépulture, du foyer et de l'habitat illustre l'intention de pérenniser l'espace, de le rendre matériellement conquis.
Les rituels funéraires furent nombreux, variés, mais strictement structurés (*en haut* (a), Nahal Oren, Perrot, 1966). Les encornures (bouquetins), les chevilles osseuses (aurochs) (*au centre* (b), Saint-Germain-la-Rivière, Leroi-Gourhan, 1964), la proximité du foyer, les taches grisées (*en bas* (c), Dolni Vestonice, Klima, 1963). Malgré leur diversité, tous ces éléments restituent des rituels abstraits, éphémères et traditionnels. Le rapport à la mort constituait le sommet de l'activité spirituelle dès les tout premiers temps de l'humanité.

L'homme debout

Si la bipédie est un acquis de longue date, on ne parle d'homme dressé (*Homo erectus*) que pour la période où l'humanité a conquis l'Ancien Monde, quittant son milieu originel, quel qu'il ait été (planche 1). Cette expansion géographique à travers tous les environnements témoigne à elle seule d'une puissance adaptative inouïe dans tout le règne vivant, dès lors que les facultés culturelles ont permis de compenser les déficiences anatomiques. Parmi ces acquis comportementaux, la maîtrise du feu, déjà attestée au Kenya à 1,4 million d'années et sans interruption depuis (planche 6), fut probablement la plus cruciale. Le feu a procuré de la chaleur, de la lumière et une emprise sur l'animal. Ainsi les lois naturelles ont-elles été brisées et l'esprit a-t-il pris un pouvoir d'apparence illimité et aux combinaisons multiples autant qu'irréversibles. Il a suffi de transposer cette perspective à d'autres domaines pour que toutes les possibilités soient ouvertes au monde de l'esprit et que l'humanité puisse se convaincre de ses potentialités.

Cette richesse comportementale se trouve aussi attestée par la puissance prise par la chasse organisée, l'emploi de sagaies en bois végétal, la ritualisation qui se manifeste sur les restes osseux. Des parties de crânes humains ont commencé à être isolées et conservées, telles des reliques (planche 5). Des bucranes de bovidés ont été préservés intacts, isolés sur le sol. Le site d'Atapuerca (Burgos) possède une fosse où divers individus humains ont été accumulés, accompagnés d'un biface spécialement soigné, comme une offrande (fouilles E. Carbonell). Ces comportements se fondaient sur le fonctionnement symbolique de la pensée.

Homo erectus a établi des systèmes de traditions régionales, exprimées par des modes techniques et des styles, spécialisés notamment dans la manière de façonner des outils. La répartition des activités menées au sol (boucherie, ateliers, couchage, foyers) démontre leur organisation, donc la séparation de fonctions sociales distinctes.

Un processus fondamental s'est alors enclenché : dans la mesure où un rapport logique apparaissait entre l'élaboration d'un projet et sa réalisation effective, une relation analogique devait exister entre tous les autres événements observables et leur propre acteur. La notion de sacré a alors été introduite pour désigner cet autre monde et les actions naturelles ont commencé à être expliquées à partir du modèle humain. C'est là où régneront la cohérence mythique et ses fonctions particulières. Toute conception religieuse tire ses fondements d'une lucidité orientée vers l'intelligence et la maîtrise du monde. Les restes matériels témoignent en abondance de cette prise de conscience par l'action.

L'expression *Homo erectus* demeure pour désigner un certain « moment » de l'hominisation que l'on a cru, à la fin du XIXe siècle (l'homme de Java) et au début du xxe siècle (l'homme de Pékin), correspondre au premier homme debout. Ces hominidés n'avaient rien à voir avec les néandertaliens d'Europe : ils étaient beaucoup plus vieux, plus massifs et, disons-le, plus « archaïques ». On parlait alors de « chaînon manquant » entre humanité et primates. Toutefois, depuis approximativement 10 millions d'années, toute la famille des australopithèques (dont probablement plusieurs espèces) et la lignée des hominidés elle-même (Toumaï, *Ororrin*, *Homo habilis*, *rudolfensis*, *ergaster*) étaient déjà bipèdes, bien avant *Homo erectus*, donc. La nomenclature est pourtant restée, révélant bien l'inertie du vocabulaire des préhistoriens. Cette expression renvoyait discrètement à la théorie selon laquelle l'humanité dans son ensemble aurait évolué ici ou là certes, mais sur des voies toujours dans la même direction.

Quoi qu'il en soit, la démarche, l'anatomie et la nature biologique étaient totalement humaines dès cette phase, donc avant 2 millions d'années. Les variations osseuses ne toucheront plus que la boîte crânienne, encore contrainte par les processus de rééquilibrage sur la colonne vertébrale redressée. L'autre différence tient évidemment à la réorganisation culturelle, de là à nous, c'est-à-dire à des phénomènes purement « historiques » propres à l'humanité complexe. Entre ces deux processus (rééquilibrage du crâne et développement culturel) interviennent de façon très significative les interactions ostéo-musculaires qui, elles, nous distinguent anatomiquement. Tout le développement des actions conscientes, prévues puis combinées par les mains, en dispense progressivement les mécaniques faciales, qui s'allègent et se réduisent. La boîte crânienne peut se développer en rétroaction, lissant les arcades sourcilières.

Comme cette mécanique rétroactive ne s'accélère qu'au rythme des acquis cognitifs postérieurs et que l'appareil ostéo-musculaire dont la paléontologie rend compte possède une force d'inertie biologique, les recherches ont d'abord et surtout été menées sur les crânes. On n'a pu reconnaître d'emblée de telles corrélations.

D'autant moins que la communauté scientifique est longuement restée à l'affût d'archaïsmes, attendus avec une ferveur telle qu'ils ont aveuglé d'honnêtes savants non préparés à découvrir des interrelations culture/nature aussi précoces au sein de leur propre espèce (Pellegrini, 1995). Tandis qu'on admettait beaucoup plus tranquillement la relation entre comportement et anatomie chez tous les autres êtres vivants, cette équation a paru secondaire pour l'homme où le « comportement » tient lieu de culture et où l'« instinct » semble rétrograde. Académiquement, il convenait donc de séparer l'éthologie (zoologie, sciences naturelles) de la préhistoire (anatomie, sciences humaines). Afin que nul ne vienne glisser de la nature au sacré, il suffisait de considérer l'homme archaïque comme un animal primitif encore en évolution (le « chaînon manquant ») et donc de se focaliser sur les systèmes d'inertie (telle la face) pour justifier cette interprétation. Depuis longtemps déjà, on sait que « l'homme s'est fait par les pieds », selon l'expression d'André Leroi-Gourhan. Son anatomie et le crâne considéré seul étaient les plus mauvais endroits pour juger de son état évolutif, un peu comme si on pratiquait un racisme rétrospectif : évidemment, l'avantage ici tient à l'absence de réactions propres aux fossiles...

Entre-temps, on a partout sur la Terre retrouvé des exemplaires de cet *Homo erectus* et on lui a donné des noms variés issus de cette répartition : *Homo heidelbergensis* en Europe (Mauer est proche d'Heidelberg), sinanthrope en Chine, pithécanthrope en Indonésie (l'« homme-singe », tout un symbole), *Homo ergaster* en Afrique (homme « qui fait » en grec). Une humanité accomplie semble alors s'être installée sur tous les continents accessibles, avec l'*Homo erectus*, au moins entre 1 et 2 millions d'années (certainement dès 2 millions en Chine, en Afrique et dans le Sud-Est asiatique). Son harmonie avec des milieux si variés et si éloignés témoigne bien d'un usage totalement maîtrisé de comportements culturels transmis par la seule tradition et sans aucun rapport avec les mutations génétiques nécessaires à la constitution d'une espèce biologique stricte, largement dépassée depuis d'autres millions d'années. C'est par exemple le message que nous adresse Toumaï, hominidé de 7 millions d'années déjà engagé sur notre ligne spécifique au sens mécanique de l'expression, par sa dentition omnivore, sa capacité crânienne, la réduction de son prognathisme facial.

Sur le plan des activités manuelles guidées par la pensée et donc dégagées du registre des « instincts naturels » (dont il faudrait encore saisir l'essence), le basculement comportemental est attesté entre 2 et 3 millions d'années. Des séquences gestuelles codées affectent les techniques appliquées aux roches, en Afrique surtout (Gona), ainsi qu'en Chine (Longuppo). Cette double information prouve à la fois l'ancienneté du geste et celle de la prédation, l'une des grandes marques de l'« hominisation ». Le système alimentaire était alors passé à l'approvisionnement carné, avec toutes les conséquences psychologiques et sociales que cela entraînait. Cette « libération » par rapport aux sources abondantes et régulières d'alimentation végétales a permis l'expansion humaine à toutes les aires continentales, telles les savanes entourant les forêts, mais sans jamais la justifier à elle seule. L'imagination, la concurrence et la curiosité forgent la nouvelle histoire humaine. Une solidarité sociale était devenue nécessaire aussi, déterminant la coordination du groupe, l'efficacité des techniques et, surtout, l'audace nécessaire pour affronter victorieusement tout être beaucoup plus puissant que soi.

Ce défi lancé contre l'animal et plus généralement contre les conditions naturelles constitue dès les origines la véritable et seule définition de l'humanité aux prises avec ses propres enjeux. Elle est bien d'ordre spirituel et reflète déjà une pensée solide. En ce sens, l'ensemble de la famille des australopithèques peut être considéré comme « humain ».

Cette expansion géographique gigantesque aux stades *erectus* et *habilis* (Dmanisi en Géorgie, 1,8 million d'années), loin au-delà de toute capacité animale, distingue clairement l'espèce humaine de toutes les autres, car elle rompt avec la détermination par le milieu et permet une infinité de jeux nouveaux avec lui. Elle témoigne aussi de toute évidence du succès démographique conséquent remporté par cette espèce qui n'est désormais plus un animal comme un autre, car il devient le seul à ce point répandu et à ce point abondant. L'appel vers d'autres horizons, vers des terres lointaines dont cette expansion témoigne évoque une autre caractéristique, celle d'un destin à accomplir, d'un défi à vaincre par la pensée, en distinction nette et définitive avec celui auquel les autres primates étaient biologiquement préparés. Cet appel à rompre avec le déterminisme naturel marquera pour toujours l'activité de l'humanité, tant qu'elle reste digne d'elle-même. Tous les environnements traversés et conquis durant ces quelques millions d'années par l'homme attestent de cette puissance adaptative, basculée uniquement du côté culturel. L'élaboration des techniques, comme celle de la prédation, est une réponse comportementale proposée par l'esprit à la nature.

Des séries d'éclats tranchants ont été systématiquement extraites des blocs rocheux : leur usure microscopique démontre la diversité de leurs emplois, liés à la préparation des peaux, des carcasses et surtout du bois. De loin les plus abondantes, les traces marquées sur les tiges végétales illustrent des technologies combinées, telles des phrases et leurs subordonnées. L'outillage a été réalisé à partir de différents matériaux dont, essentiellement, la pierre subsiste. Cependant, des conditions de conservation exceptionnelles ont permis de reconstituer des javelots de bois. À Schöningen, en Allemagne centrale, cinq ou six lances entièrement façonnées en bois, parfaitement équilibrées pour le jet (centre de gravité aux deux tiers), ont été découvertes parmi les restes de grands herbivores abattus (H. Thieme, 2007).

À Clacton (Angleterre), une pointe de sagaie bien préservée a été comparée aux « bâtons à fouir » utilisés par les ramasseurs de racines, d'œufs, de larves, etc. Cependant, son affûtage prouve son emploi comme arme d'hast (tenue à la main). Divers autres instruments parsèment l'Ancien Monde, en complément aux innombrables traces d'usure laissées sur la pierre. Tout récemment, on a retrouvé une pointe d'épieu sous la mer, en Croatie. Plus que toute autre matière et jusqu'à une époque très récente, le bois a représenté le matériau essentiel à toute technologie humaine : abondant, léger, diversifié pour toutes sortes d'activités

a.

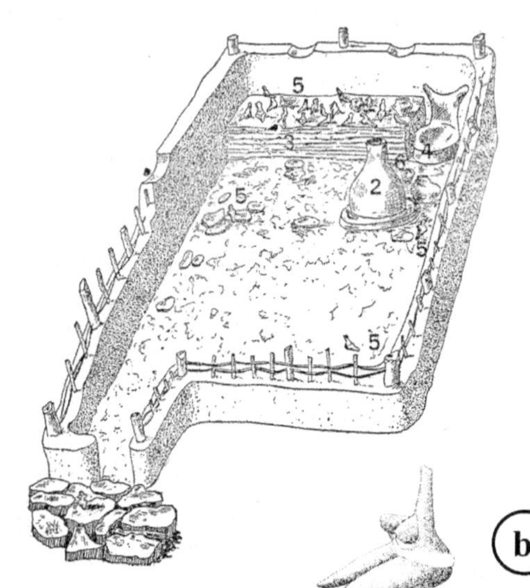

b.

c.

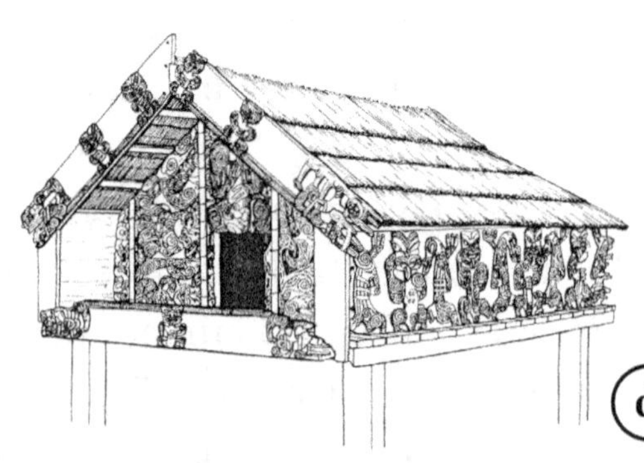

d.

mécaniques. Disponible à profusion, il s'accommodait à toutes les nécessités, à tous les projets, à toutes les audaces. Il signifiait mieux que d'autres la force du chasseur (planche 3). Son retour dans l'architecture actuelle est très significatif : il incarne la nature, le confort, la chaleur. Cependant, si les traditions tout au long du Paléolithique ancien étaient soumises à une exigence d'efficacité, elles étaient surtout sanctionnées par l'usage, comme les peuples indonésiens l'illustrent aujourd'hui parmi tant d'autres (planche 10). Les armes utilisées se distinguent en effet non seulement selon le gibier à abattre, mais surtout selon les clans, les classes d'âge, la prédation ou la guerre.

Avec *Homo erectus*, la planète Terre est devenue humaine. Un voile de symboles l'a entourée désormais, porté par des mammifères triomphant grâce à leur seul

Planche 10. La délimitation spatiale convoque des relations à la pensée du groupe, à ses expressions, monumentales et spectaculaires, de son fonctionnement métaphysique.
L'espace délimité (« templum ») manifeste la délégation sociale dont le temple constituait la concentration des activités religieuses (a, b : temples néolithiques des Balkans), comme l'ont fait les ateliers et les forges dans leurs fonctions propres. Ces temples séparent l'espace entre le sacré civilisé et le sauvage redouté. Cette conquête spatiale, beaucoup plus symbolique que mécanique, provoqua et suscita l'expansion rapide du Néolithique car elle autorisait à considérer le reste du monde (ethnies incluses) comme extérieur à la pensée, à l'esprit, à l'âme, donc à l'homme. Les conquistadores espagnols n'ont rien fait d'autre en plantant la croix afin de sanctifier la terre nouvelle et sauvage... Cette pratique apparaît dès le Mésolithique avec l'appropriation de l'espace (7.a) et se développe énormément durant tout le néolithique au détriment de la forêt. Ces maisons sacrées portent alors les signes de leurs fonctions et de leur appartenance, telle une hagiographie de nos églises, et des techniques de pure performance comme l'immense poteau central à l'entrée ou la concentration des symboles aux parements ostentatoires (c, d : maisons de cérémonies, Asie du Sud-Est, Catalogne, 1970).

esprit de tous les pièges de la nature. Cette audace ne fera que croître et se complexifier, étendant cette « enveloppe spirituelle » jusqu'à nous. Au point que notre espèce ne peut désormais subsister que grâce à elle. Une fois constituées, les sociétés possèdent désormais leur propre déterminisme, pire que celui de la nature peut-être.

Au sens le plus classique du terme, la « sculpture » apparaît à cette époque : vers 1,6 million d'années en Afrique orientale, l'homme façonne des outils par l'extraction d'éclats hors d'un bloc, contenant la future forme, un peu comme si cette forme avait toujours existé au sein de la roche et qu'il suffisait de l'en tirer (planche 4.a). De tels objets détiennent une puissance symbolique énorme, car une bonne moitié de l'humanité ne les a jamais adoptés et n'en a pas moins subsisté et proliféré. Toute l'Asie et l'Europe orientales en ont été totalement dépourvues tout au long de leur histoire. Et même dans les régions où ces bifaces apparaissent tardivement (ouest de l'Europe), ils y ont été précédés par une multitude d'autres cultures qui n'en possédaient pas. Par la complexité de sa conception et sa constance formelle, le biface constitue l'une des rares preuves de mouvements culturels ou ethniques de grande ampleur, déjà attestés depuis des centaines de millénaires. À partir des régions originelles (Afrique orientale) et à mesure que les milliers d'années s'écoulaient, cette forme sculptée s'est diffusée avec régularité, d'abord à toute l'Afrique, puis au Moyen-Orient jusqu'au Sud-Est asiatique, enfin à l'Europe occidentale, où elle a achevé son expansion. L'élaboration aussi raffinée et à ce point codifiée, en profondeur et en silhouette, a dû correspondre à des systèmes de diffusion si puissants qu'une vague migratoire reste l'hypothèse intellectuelle la plus économique, sans exclure toutefois les effets dus à la propagation de « modes » agissant sur des substrats variés.

Si seuls les aspects formels étaient considérés, ils démontreraient des tâtonnements d'ordre strictement esthétique : les roches ont été choisies pour le chatoiement de leurs couleurs, la symétrie est atteinte dans les deux plans de l'objet, les contours et les modelés sont obtenus par l'extraction d'enlèvements tangentiels. La variation des silhouettes données à ces pièces sculptées manifeste une pure production de l'esprit humain, car elles sont inédites dans la nature, et pourtant de production permanente, comme « autogénératrices ». Ces exemples fondés sur les seules roches sculptées ne peuvent correspondre qu'à des illustrations d'autres phénomènes beaucoup plus puissants, justifiant leur réalisation et leur déploiement. Les univers symboliques étaient en totale activité durant au moins 2 millions d'années, si on ne considère que ces seuls vestiges de pierre. Ils devaient être accompagnés de tout l'appareil social abstrait qui permettait de se reconnaître, comme tous les autres mécanismes techniques opposés aux lois naturelles propres à chaque matière, pour la plupart éphémères (habitats, pirogues, ustensiles, récipients, armes, outils). Les formes sculptées en roches dures n'ouvrent qu'une petite fenêtre sur la conscience esthétique la plus ancienne.

À vocation régionale, cette tradition a été baptisée « acheuléenne » par référence à la commune de Saint-Acheul, dans la Somme, où elle a été reconnue initialement. Par sa cohérence intellectuelle, la netteté de ses produits, elle s'oppose à toutes les autres traditions contemporaines et à travers lesquelles les mouvements pris par son contour se délimitent, dans le temps et dans l'espace avec régularité. Probablement leurs valeurs s'exprimaient-elles selon de tout autres modalités, du bateau à l'habitat. Les expressions matérielles traduisant une solidarité ne passaient pas forcément par le caillou taillé.

L'autre fait fondamental sur le plan technique découle des observations précédentes : dans d'immenses régions de la Terre, les modes d'action étaient distincts de ceux de l'Acheuléen et ces façons de faire équivalaient aussi à des façons de vivre, de se donner un destin, d'imaginer d'autres formules variables à l'infini, mais toutes structurées sur un mode viable. Même si les restes, encore très humbles, n'appartiennent qu'aux modes de transformation des éléments naturels en productions culturelles, leur constance, évitant la fantaisie, reflète la coercition des codes, autant que leur opposition en termes territoriaux, par exemple étendus à toute l'Asie orientale.

Les cas évoqués d'outils dominés par le façonnement d'un cœur rocheux, opposés à ceux situés à la seule amorce de matières végétales, scindent les terres émergées en deux vastes régions selon la ligne dite de Movius. Cet archéologue américain a été le premier à distinguer des aires géographiques de tradition différente au sein de l'Ancien Monde. Ces nappes culturelles ont aussi évolué selon l'axe du temps au fil d'une très ancienne histoire étirée de 2 millions d'années à 500 000 ans. Ces distinctions globales équivalent à des oppositions entre les valeurs spirituelles portées par des groupes qui s'y reconnaissaient en se distinguant afin de consolider la solidarité sociale entre individus pensants et associés. Néanmoins, de telles immensités considérées sur une telle échelle chronologique impliquent nécessairement l'existence d'autres ensembles sociaux intérieurs.

L'appartenance clanique était née, en effet. Si elle est peu lisible dans les roches, les relations que leurs façons de faire impliquaient en attestent. Toute pratique de chasse devait être codifiée, comme aujourd'hui chez les peuples prédateurs. Le choix dépendait du gibier (âge, espèce), mais aussi de la saison, des règles mythiques et surtout de la personnalité du chasseur, de son statut, de sa valeur, de son rang. Habitats et rites étaient nécessairement aussi élaborés que chez les peuples actuels : adaptés aux situations, aux matériaux et aux fonctions selon des codes propres. Les restes significatifs d'animaux dangereux (bucranes) étaient disposés au sol, tels des trophées (Isernia, Venosa, Bilzingsleben) (planche 12). Le rapport à l'animal dominé symboliquement s'est imposé avec force, à toutes périodes et sous toutes ses formes. Les cornes de bovidés évoquent autant la force animale maîtrisée que sa récupération par le chasseur qui en porte la dépouille. Cette réciprocité traverse tous les temps, jusqu'aux actuelles corridas ou aux portiques des ranchs américains.

L'organisation sociale, si complexe durant cette immense phase formatrice de l'humanité, régissait les règles abstraites de la chasse autant que les gestes techniques, qui requéraient l'aptitude individuelle à l'abstraction et au fonctionnement symbolique. Elle faisait aussi place aux rêves. Si un plan de chasse est conçu ou si un besoin est prévu et rencontré, cela exige un enchaînement virtuel préalable à chaque action, telle une phrase non plus directement exprimée mais d'abord conçue en amont de l'expression réelle. La pratique, propre à l'homme (bien que non exclusivement), d'un décalage interposé entre un besoin ressenti et sa réaction planifiée relève du phasage ternaire propre au symbole. La symbolisation est évidente dans les traces techniques rigoureusement stéréotypées, mais cette nécessité devait se retrouver dans tous les autres mécanismes mentaux mis en corrélation avec eux : de la conception d'un abri à la justification du cosmos, en passant par le droit que l'on se donne de tuer ou de laisser vivre.

Comme les techniques, le langage n'a cessé de se diversifier au gré de l'histoire humaine. Et il était, chez *Homo erectus*, aussi différent du nôtre que nos couteaux le sont des leurs. Mais de même qu'il a toujours fallu trancher la matière à l'aide d'un corps dur, il a aussi fallu soulager la pensée par des récits mythiques. La parole y a pourvu, tel un message de l'âme, un codificateur du raisonnement, un intermédiaire entre la pensée et l'action. C'est donc par son usage que l'histoire humaine s'enclenche, se constitue et se diversifie. Largement avant l'écriture, il est patent à travers toutes les traces laissées par l'emprise humaine sur la nature, de l'organisation sociale de la chasse à celle de l'habitat. C'est elle aussi qui a offert une dynamique particulièrement souple, par l'usage du symbole, à l'imagination. Une telle richesse et une telle diversité symboliques (chasse, habitats, techniques, expansions, traditions) sont inconcevables sans l'usage du véhicule le plus répandu de la communication : le langage. Même si d'autres formes d'échanges ont eu lieu et ont encore existé au sein de toutes les espèces vivantes, l'accélération qu'offrait un langage symbolisé par la parole, a ouvert des perspectives immenses à l'espèce qui la possédait.

La conquête matérielle la plus significative remontant à cette période a toujours été la maîtrise du feu, l'entretien de la flamme, avec ses conséquences, la lumière, l'aliment cuit, donc culturalisé. Les feux contrôlés sont connus dès 1,5 million d'années dans d'innombrables installations, sous la forme d'objets brûlés, de cendres ou de surfaces cuites. C'est l'emploi du feu qui a permis l'extrême expansion géographique de l'espèce en même temps qu'il ouvre l'esprit à sa spécificité, à sa capacité à transformer radicalement le monde alentour : durcir le bois, éclater la pierre, chauffer dans le froid, éclairer dans la nuit, tisser des liens sociaux autour du foyer, désormais à forte vocation symbolique. La possession de cette puissance a été fondamentale pour affirmer la conscience. L'homme s'est isolé du reste des êtres vivants, réduits à l'animalité, distinction martelée par la Bible ou par le Coran, et qui ne date pas d'hier, mais a été aux origines de la pensée active (planches 6 et 9).

À l'inverse, il serait tentant, comme on l'a souvent fait, de renvoyer ce premier homme à l'animal, au motif qu'il serait différent de nous. De fait, certains restes osseux humains portent des traces de cassures, de découpes ou de brûlures analogues à celles portées par les restes osseux animaux (planche 5). Le cas est net à Bilzingsleben (Saxe-Thuringe) où des ossements d'*Homo erectus* ont été fracturés, découpés, dispersés parmi les ossements d'animaux consommés. Une situation analogue est avérée à Tautavel dans le Languedoc : des ossements humains datés de 400 000 ans gisent parmi les restes de gibiers. Inversement, le site de Dmanisi en Géorgie contenait surtout des restes crâniens, comme si cette partie du corps humain avait fait

a.

b.

c.

COMBE-GRENAL | PECH DE L'AZE I | PECH DE L'AZE IV | LE MOUSTIER | sépultures
1
2 M.T.A.
3
7
6
5 M.T.A.
4
3
2
1
A
B
C
D
E
F1
F2 M.T.A.
F3
F4
G
H
I1
I2
J1
J2 M.typ.
J3a
J3b
X
Y
Z
J M.typ.
I
H
G M.T.A.
F
E
D
C
B M.typ.
A
LE MOUSTIER
4
5
6 M.typ.
7
8
9
10
11
12
13 M.dent.
14
15
16
17
18 M.quina
19
20 M.dent.
21
22
23
24 M.quina
25
26
27 M.ferr.
28
29 M.typ.
30
31
32
33 M.ferr.
34
35
36 37 M.typ.
38 39 M.dent.
40 41 M.typ.
42 43
44 45
46 47
48 49
50 51 M.typ.
52 53
54 55 M.typ.
56
57
58
60 59 Acheul.
62 61
63
64
PECH DE L'AZE II
2A
2B
2C
2D
2E M.quina ?
2F
2G
2G' M.ferr.
3
4A1 M.typ
4A2
4B M.dent.
4C1
4C2 M.typ.
4D
5
6
7 Acheul.
8
9
CAMINADE
3s+ M.quina
3s
3b M.ferr.
2s
2b
1s M.typ.
1b
LA CHAPELLE AUX SAINTS
ROC DE MARSAL
LE REGOURDOU
LA FERRASSIE

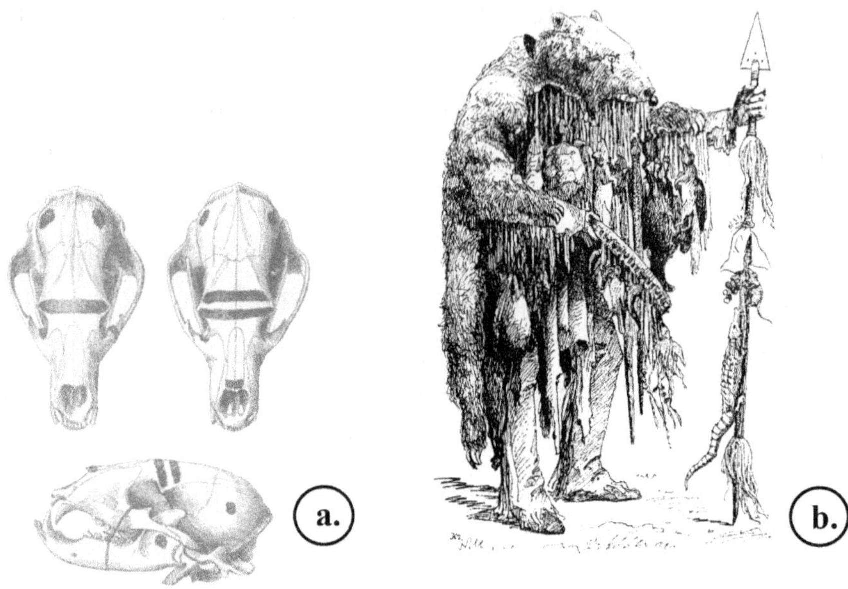

l'objet d'une préservation particulière, sélective. Pour être analogues, ces traces de consommation ne sont pourtant pas identiques : la consommation animale relevait d'une suspension du statut sacré du gibier au titre de transfert d'énergie vitale ; celle d'êtres pensants intégrait l'assimilation de leur pensée, bien davantage que leurs calories (planche 5.c).

En matière de premiers mécanismes spirituels, ce qui mérite une attention particulière, c'est la répétition de réflexions suivies d'actions selon des schémas rétroactifs et structurés. C'est de ces régularités qu'ont émergé les idées de causalité, donc de « vérité », voire de connaissance, c'est-à-dire tout un pan de l'esprit. Dans l'ordre humain, toute action désormais renvoyait clairement à une cause, à une intention. Où chercher les causes de ce qui se produisait dans l'ordre naturel ? Là encore, face à cette coupure et pour répondre à ce nouveau défi, l'imagination s'est déployée, posant les prémices de la métaphysique. Il a fallu donner du sens au reste du monde.

Planche 11. Les traces d'activités esthétiques, religieuses ou symboliques apparaissent dès les origines par l'emploi de colorants ou de trophées. *En haut*. L'une des figures emblématiques du rapport à l'animal s'entretient par l'ambiguïté de l'ours, dressé comme un homme, mais beaucoup plus puissant (b : Indiens des Plaines, habit religieux, Catlin, 1959). Des traces d'aménagements colorés ou de dispositions intentionnelles sont fréquentes, comme elles le sont restées en Sibérie et en Amérique du Nord (a : Eastern Cree, d'après Skinner).
En bas (c : colorants du Moustérien, Demars, 1992). La répartition des colorants, sur toute la hauteur des sites moustériens démontre l'importance et l'intensité des pigments (noirs, rouges, jaunes) accrochés à des fins esthétiques dès les origines.

Toute la gamme des rituels s'est mise alors à ce service, de la fumée du premier feu à la multitude des fétiches, masques, images, chants, récits. Quelques témoins, plus manifestes encore que la prévision par les techniques ou la coordination de la chasse, illustrent cette adéquation à la pensée métaphysique : des traces de décharnements sont marquées sur les crânes humains, montrant bien que c'est l'âme contenue dans la boîte crânienne qui a fait l'objet d'actions rituelles. Toute calotte crânienne, de la Mélanésie au Proche-Orient, se trouve investie par la puissance magique et spirituelle que l'individu a portée pendant sa vie. Cette constance a débuté il y a plus de 1 million d'années, comme en témoigne la préservation sélective des calottes crâniennes en Indonésie. La mystérieuse et tragique transition entre la vie et la mort a toujours poussé l'homme à imaginer une explication. Entre la pensée active et le silence définitif devait subsister une filiation, loin de l'incarnation charnelle, mais proche de cette action sans matière qui édifie le monde. En d'autres termes, pensée et action sur la pensée, même éteinte, restent solidaires (planche 5).

D'autres faits troublants marquent cette conscience originelle : des amas d'ossements humains, des concentrations où le vivant venait rendre l'esprit aux morts et où divers individus ont été accumulés successivement. Ailleurs, une grande majorité des calottes crâniennes a été découverte au détriment des autres ossements du squelette. Ces faits dispersés témoignent d'une audace inouïe pour affronter un monde terrifiant dès que la pensée y perçoit des failles. Il ne fait aucun doute qu'avec la conscience métaphysique, le mystère du monde s'est imposé, et que notre existence en constitue le prolongement.

Avec la pensée dirigée vers la réalisation (huttes, gibiers, outils) se sont constitués deux plans opposés : l'un ludique, l'autre constructif. Par exemple, si l'intention était d'abattre une antilope afin de poursuivre la vie humaine, cette action se plaçait au sommet des nécessités, car elle transmettait la force du gibier au chasseur. La conception des valeurs s'est effectuée ainsi : du médiocre au sublime, et tout en haut, l'inconnaissable qui semblait guider les destins. L'échelle des valeurs s'est reproduite continuellement en variant ses codes et ses pratiques, du mystique à l'assassin, de la beauté à la laideur, de l'efficacité à l'incohérence. Ces variantes fascinaient, attiraient, s'entrechoquaient et réclamaient de nouvelles réponses. Elles ont toutes bâti deux pôles extrêmes où se joue la gamme entière de la bonté à la cruauté. Dès que des groupes s'opposent, ils se rejettent réciproquement dans leur état naturel ou bestial. Alors tous les excès sont permis, du Paléolithique le plus ancien aux atrocités historiques. *Homo erectus* fut cela aussi, car les aires culturelles s'opposaient radicalement entre les ensembles dotés d'outils bifaciaux et ceux où dominaient les enchaînements techniques composites auxquels les sphères métaphysiques venaient se heurter aussi.

Lorsque l'humanité a ressenti la puissance de son emprise sur les forces naturelles par le feu, par l'outil, par la chasse, et qu'en même temps elle a noté l'existence de forces infiniment plus puissantes mais situées en dehors de son pouvoir, elle a tremblé de peur devant sa destinée. Cet enchaînement a enclenché chez l'homme la volonté de combattre pour préserver sa seule condition : il a créé les mythes. Esprits sacrés dont les aventures miment celles des humains en les parodiant. Nul singe, nul ours ne poursuit cette ambition. Dès l'humanité la plus ancienne, dès que la pensée a pris conscience de sa faiblesse irréductible, alors le monde des mythes s'est élaboré et l'a propulsée vers de nouvelles conquêtes.

Désormais, l'emprise spirituelle était totale sur le monde, sous forme de mythes ou de rêves. La conception mythique du monde précède de loin l'exercice de la philosophie rationnelle : tout se passe cependant comme si celle-ci était contenue dans celle-là. La quête d'une signification a changé de style, mais pas de nature : il s'est toujours agi de donner une explication à tout phénomène et de soulager la déchirure subie par la conscience dès son apparition. En d'autres termes, la métaphysique est consubstantielle à l'humanité.

De la maîtrise du temps à l'apparition d'une multitude de cultures

Le stade qui, en Europe, correspond à la présence des néandertaliens et, partout ailleurs, à une phase de développement anatomique équivalente rassemblée sous l'expression générique de « paléoanthropiens » (Leroi-Gourhan), se marque par des performances inouïes dans la gestion du temps. Peut-être d'ailleurs ne les avons-nous pas encore dépassées. L'époque s'étend en effet sur des centaines de millénaires. Elle s'est marquée par un succès démographique constant, en dépit d'extrêmes variations climatiques traversées sans dommage. Or les traditions néandertaliennes étaient si puissantes et si souples qu'elles ont traversé ces contraintes environnementales extrêmes tout en gardant leurs expressions techniques, stylistiques et mythiques. Le fondement de cette emprise était la prévision des besoins à rencontrer dans un avenir aléatoire et la volonté de serrer les aléas éventuels dans une aire de probabilités contrôlées. L'investissement intellectuel se trouve désormais placé dans l'élaboration, préalable à leur utilisation, des blocs de matériaux. De nombreuses formules illustrent les variations suivies sur ce thème général, témoignant de facultés

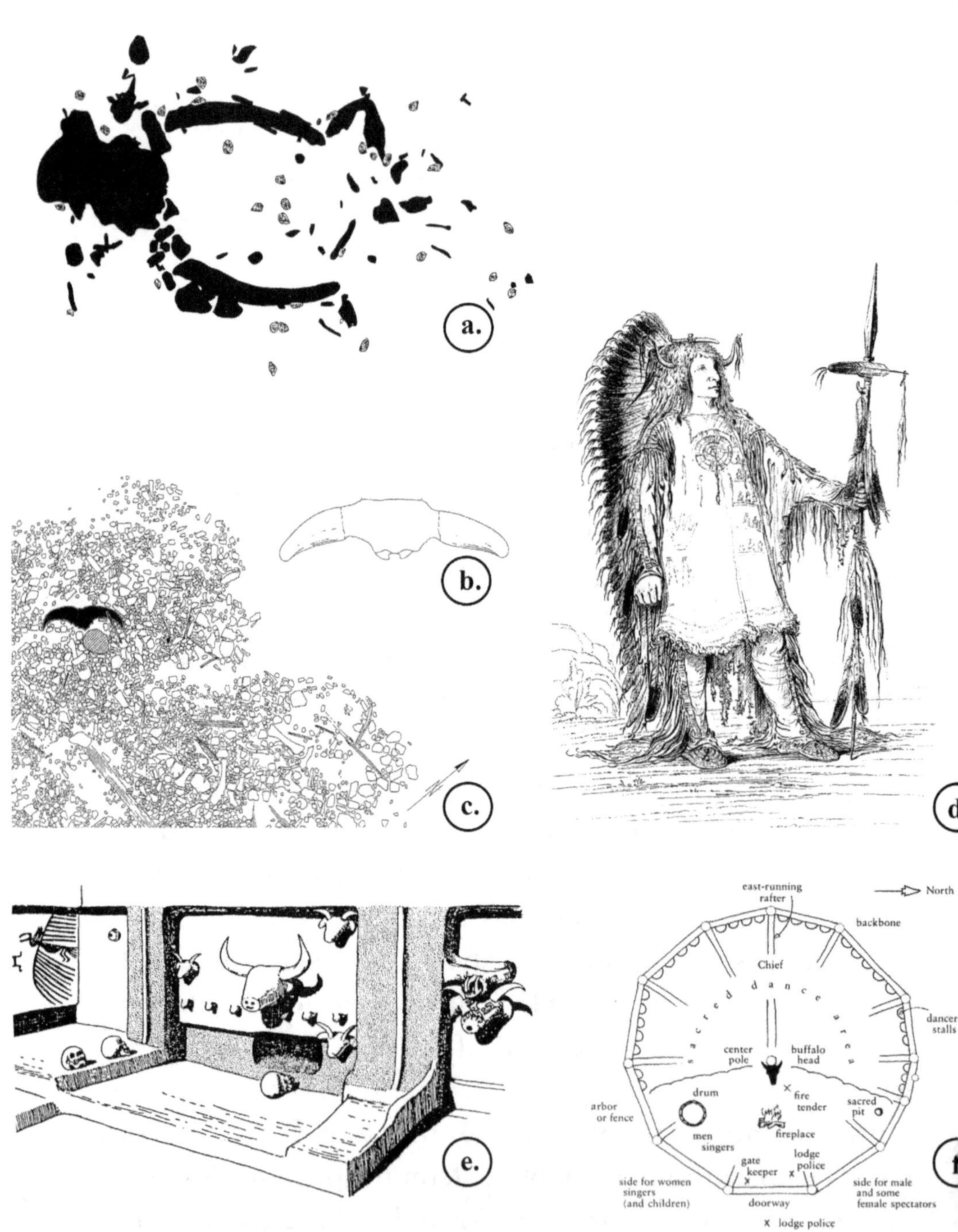
a.
b.
c.
d.
e.
f.
east-running
rafter
North
backbone
Chief
sacred dance area
center
pole
buffalo
head
dancer
stalls
arbor
or fence
drum
fire
tender
sacred
pit
fireplace
men
singers
lodge
police
gate
keeper
side for women
singers
(and children)
doorway
side for male
and some
female spectators
X lodge police

d'abstraction si complexes qu'elles n'ont jamais été dépassées ultérieurement dans l'exploitation des lois mécaniques rocheuses. Ainsi, grâce à ses aptitudes à la prévision et à la conceptualisation, l'humanité s'est libérée des contraintes imposées par les ressources en matériaux disponibles là où elle était installée.

La plus belle conquête de l'esprit contre sa condition éphémère est illustrée par les premières sépultures, il y a une centaine de millénaires (planche 8). Creuser une fosse funéraire, protéger le corps, l'accompagner de vestiges symboliques, le renfermer dans des nécropoles : tout cela témoigne de l'intention de distinguer le statut humain de celui des animaux, destinés eux à devenir viande servant à la vie de l'homme. Le temps a ainsi été surmonté, à la fois par l'organisation planifiée des activités techniques tournées vers la ressource minérale, mais aussi par la pensée et le traitement des défunts.

Ce stade évolutif a été atteint par l'humanité vers 300 000 à 400 000 ans. Certaines populations vivent d'ailleurs encore sur ce mode technique. Son extension mondiale et

Planche 12. Support préférentiel du transfert magique, de la force naturelle aux jeux des symboles, le bucrane traverse tous les temps, moins par inertie historique que par convergence métaphysique.
La connexion la plus naturelle s'est établie entre la pensée et les bucranes, par leur symbole de force. Le trophée est conservé tel quel (os frontal intact) (a, b : Isernia) et se trouve dispersé à des emplacements cruciaux des habitats ou introduit dans le déguisement de celui qui veut en incarner la force (d). Cette relation constante entre l'animal dangereux et l'homme révèle la profonde connivence entre les deux espèces : l'esprit, l'astuce devaient surmonter la force et se manifester de façon spectaculaire (d, e : chef indien, Chatal Hüyük, maison cérémonielle, Pueblos).

sur une telle durée indique clairement l'existence d'aptitudes comportementales et intellectuelles réellement extraordinaires : toutes les variations climatiques ont été traversées, surmontées et vaincues par des dizaines de traditions régionales distinctes. C'est alors que la grande séparation entre les peuples s'est accomplie. Les adaptations propres à certains milieux ont favorisé en effet à la fois la répétition de certaines formules culturelles et de certains critères biologiques secondaires (enzymes, pigmentations, stature) au détriment d'autres.

Ces distinctions se sont surtout opérées au sein d'aires géographiques limitées, là où les échanges internes étaient plus nombreux que les apports démographiques externes. Sur le plan anatomique, les « tendances » amorcées par la lignée des hominidés antérieurs se sont poursuivies par le recul de la face, le développement de l'encéphale et le retrait des attaches cervicales (tête en position verticale) (planche 1.f). L'ensemble de ces phénomènes a agi en corrélation avec la multiplication des fonctions laissées aux seules mains. De telle sorte que tous les fossiles de la Terre se ressemblent morphologiquement à ce stade, dit « paléo-anthropien » par rapport à la modernité. Et leurs variations annoncent celles entretenues entre les populations actuelles. Une fois encore, la plasticité ostéo-motrice ne possède aucun rapport avec les variations et les aptitudes culturelles : elle agit selon la logique propre à sa mécanique originelle, en équilibre avec les besoins spirituels nouveaux.

Le paléoanthropien le plus célèbre, car le premier reconnu, est celui de Neandertal près de Düsseldorf (bassin de la Düssel). Bien d'autres existent selon un mode comparable, en Afrique (Djebel Irhoud), en Chine (Maba, Dali) et en Indonésie (Modjokerto). Dans ce chapitre essentiellement consacré à l'Europe, nous évoquerons surtout les néandertaliens, mais il faut comprendre ce terme dans son sens générique de « paléoanthropiens ».

En revanche, sur le plan culturel, le Paléolithique moyen se présente sous une forme infiniment plus complexe que la simple silhouette anatomique de son artisan principal le laisserait croire. On peut parler de l'âge d'or de la maîtrise des techniques lithiques et végétales. Une technicité extrêmement raffinée a permis de subsister dans tous les milieux et, ainsi, l'extension territoriale et l'expansion démographique. S'il fallait dater le pic de l'équilibre entre la nature et celle du mode de vie humain, il se situerait entre 300 000 et 30 000 ans. Dès cette période, en effet, l'humanité maîtrise le déroulement du temps et le détourne en sa faveur : la prévision caractérise les techniques, les rituels se mettent en place pour récupérer la vie et les forces des défunts, les sépultures organisées apparaissent (planche 8). Ces différents succès contre le temps ont rassuré l'esprit humain dans sa détermination à suivre le cours naturel des choses. Ils ont démontré les facultés de prévision disponibles *via* le jeu des symboles, permettant d'atteindre des performances inouïes, loin au-delà du primate qu'il était et loin au-delà des espèces les mieux adaptées à son propre environnement (chasse aux espèces rapides et dangereuses) (planche 5.c).

Par sa seule réflexion, l'humanité du Paléolithique moyen a fait basculer le destin d'un primate en évolution anatomique vers celui d'un être pensant, contrôlant ses craintes comme sa destinée. La rigueur, la finesse, la beauté de certains outils illustrent le raffinement acquis dans l'efficacité et la tolérance à toutes les innovations pionnières, voire temporaires. Autant les produits les plus raffinés suivaient-ils l'élégance d'une règle, autant les outils les plus efficaces faisaient-ils appel à l'imagination la plus souple. Nous voilà sur le plan des concepts, au point de rupture entre la finesse d'une pensée structurée par l'imagination et l'infinie souplesse de tout ce qui a été réalisé pour un seul usage, tels que le bricoleur s'en servirait (Lévi-Strauss, 2009). L'une et l'autre tendances s'associent, se combinent et s'épaulent afin de représenter les deux faces de la pensée à cette époque : la logique d'une règle respectée et poursuivie dans la pensée comme dans la technique assortie, assouplie par les aléas de l'imagination créatrice en totale liberté. Toute l'humanité et ses contradictions entre rigueur et fantaisie étaient là, déjà en action, sans interruption durant des centaines de millénaires.

Comme notre information sur les néandertaliens est limitée pour l'essentiel aux témoins techniques, un investissement tout particulier a été attaché à leur examen, sous un mode parfois extrêmement poussé (par exemple micro-usures, chaînes opératoires, statistiques, compositions et origines des matériaux). À partir des agencements matériels ainsi restitués, des volontés et des intentions se dégagent. Globalement, ces méthodes prévisionnelles, dès 300 000 ans, témoignent d'une volonté de délimitation de l'impact ethnique dans une aire de dispersion spatiale. Il s'agit d'intentions originelles, mais dont l'agencement serait soumis à une sorte de dialogue, entretenu entre gestes et matière, et dont chaque étape rectifie un tracé, largement consenti : l'ethnie. Nous observons bien là le fonctionnement d'esprits collectifs mis en action et en perpétuel défi, cette fois les uns contre les autres. Par analogie entre ces schémas généraux, les intentions initiales se dégagent. L'investissement intellectuel s'est alors déplacé : de l'outil obtenu à l'élaboration des blocs antérieurs, puis à leur utilisation. Tout le principe se situe là, perpétuellement respecté à travers tous les temps et étendu à toutes les activités techniques. Ces schémas conceptuels présentent une très large variété et contiennent une infinité de formules, selon les intentions et les situations, mais le principe opératoire reste le même. Le combat mené contre l'inertie rocheuse s'engage toujours en sens unique vers le produit souhaité. La mise en forme d'une masse de pierre guide l'élément, léger et mobile, qui en sera extrait. Ce principe extrêmement souple dans les composantes lithiques obtenues libère l'occupation de l'espace et les sources d'approvisionnement au profit d'autres ressources telles que le gibier, la recherche du bois, les abris naturels, les rituels. Si ce schéma nous paraît si clairement lisible quant aux roches, il ne l'est pas moins pour toute autre action requérant de tels dialogues entre matière et pensée, élaborés par les populations identiques, comme le bois, la peau, les fibres (planche 3.c). Il indique en outre la complexité étourdissante qui a permis de lier entre eux ces facteurs afin de créer des systèmes de valeurs, dont ces humbles roches ne sont que les témoins secondaires (planche 3.a).

Le fondement de la pensée paléoanthropienne s'exprime dans l'aptitude à prévoir, qu'il s'agisse des moyens techniques, du déplacement des habitats, du gibier à abattre. Toutes les utilisations possibles sont alors explorées. En la matière, les variations n'ont rien de chronologique, elles ne procèdent pas de contraintes, elles expriment seulement

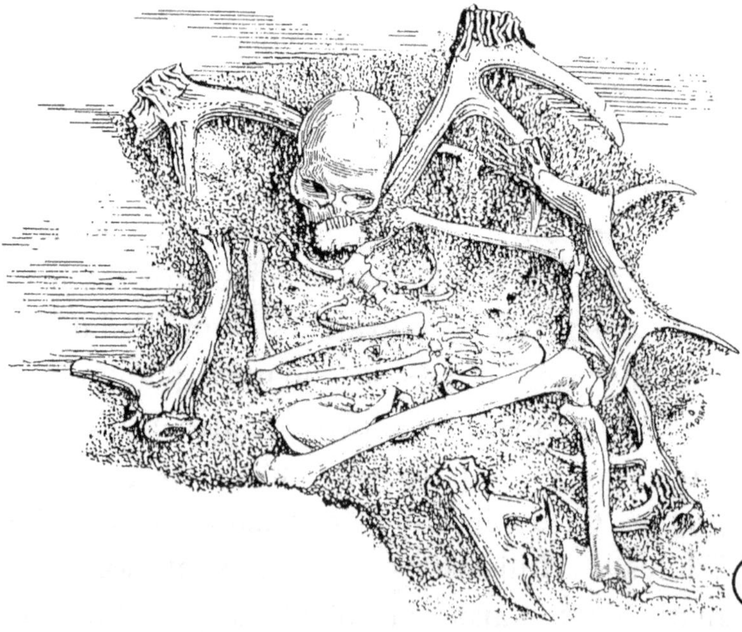

des choix culturels. Comme l'outil, elles répondent à la symbolique de la pensée sociale, où chacun possède son rang et son statut. Cela a d'ailleurs été la seule façon réellement efficace d'assurer la subsistance des ethnies chasseuses et cueilleuses durant des millénaires. L'harmonie résulte d'une régulation propre au milieu social, non des conditions particulières à ce dernier.

L'identification des « styles », des manières de faire, reconnaissables aux gestes plus qu'aux mots qui les désignent, prouve que des distinctions s'opéraient au sein du groupe et d'un groupe à l'autre. Cette identification a créé des traditions qui se sont prolongées et répétées, sans autre raison que d'être identiques à ce qu'on faisait auparavant. Et de même en matière religieuse.

L'aspect fortement régionalisé de ces styles techniques, déterminés par la distance d'approvisionnement (100 à 200 kilomètres au maximum), atteste l'existence d'unités ethniques à la fois nettement définies et en constante

Planche 13. Exemples de constances ternaires du rituel, de la ramure et du défi contre le temps.
En bas, à gauche (c). Le chaman était enterré avec les statuettes qui incarnaient son âme en état de transe (figurines noires, Sibérie orientale). Elles étaient innombrables au Paléolithique et pouvaient ainsi y jouer le même rôle (b : Trois-Frères, Ariège). Les chamans sibériens actuels (a) portent des bois de cerf, des dépouilles animales et entrent en transe *via* le rythme obsédant du tambour. Leurs pattes sont des griffes d'ours. Le cheval à l'arrière y est sacrifié, comme un échange entre les cieux et la vie. Le chaman paléolithique possède les mêmes composantes dont la diversité dissimule et rend floue la nature humaine qui, pourtant, cherche à maîtriser les phénomènes par la danse et les chants. Les ramures de cerf (d) possèdent toute leur force symbolique, associées aux sépultures car elles tombent et recroissent davantage d'une année à l'autre (Mésolithique breton).

opposition. Si on considère le cas de l'Europe, car il reste le mieux documenté, toutes ses populations partageaient les mêmes caractères anatomiques. C'est pourquoi on a pu parler d'une race néandertalienne. Or les variations stylistiques qui découpent son paysage non seulement se distinguaient par des variantes « gratuites » (non fonctionnelles), comme on distinguerait une épée japonaise d'une chinoise, mais surtout se sont maintenues au fil des générations dans la même aire géographique. Les solutions techniques restent uniformes sur tout le continent, mais les manières de faire signaient des régions, comme jaillissant de la taille de façon aussi constante qu'involontaire. Ainsi sont apparues des « cultures », autrement dit des codifications dont tout apprentissage était imprégné, donc de modes de pensée et de systèmes de valeurs bien particuliers.

8

Défier la nature

Avec l'arrivée brusque de l'homme moderne en Europe (Cro-Magnon de nos manuels), le décalage avec les formes d'humanité précédentes se marque nettement, car l'essentiel de l'évolution a eu lieu ailleurs (Asie ou Afrique). Nous pouvons ainsi mieux apprécier la nature de la différence entre ces diverses populations. En Europe, le contraste est radical : l'homme moderne emploie en abondance des armes à propulsion mécanique, l'arc et le propulseur, véritables machines qui transforment la source d'énergie pour atteindre des proies éloignées avec beaucoup plus de violence et de précision qu'un simple lancé à la main ou qu'une arme tenue à la main quand elle est employée contre le gibier qui charge. La relation à la nature s'en trouve complètement bouleversée : désormais, l'animal peut mourir sans contact proche.

Ce changement est encore attisé par la maîtrise de la réalité sauvage *via* sa représentation plastique : l'« art », comme nous l'entendons couramment, apparaît à cette période en Europe. Désormais, il rend bien visibles les mythologies restées jusque-là dans l'abstraction verbale

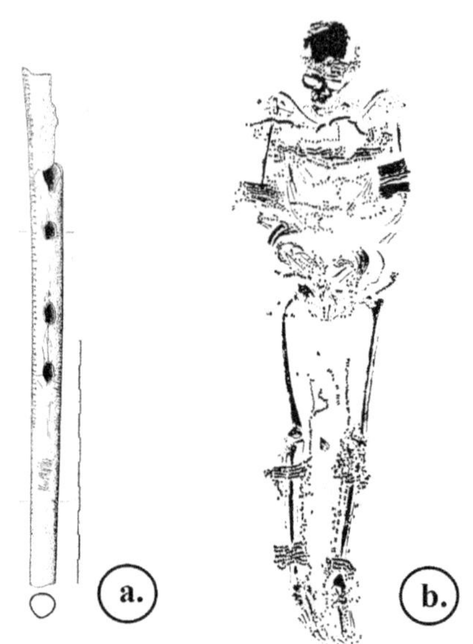

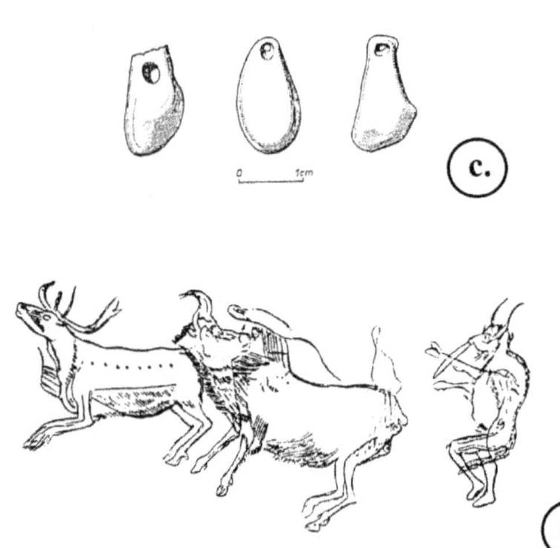

0   1cm
c.

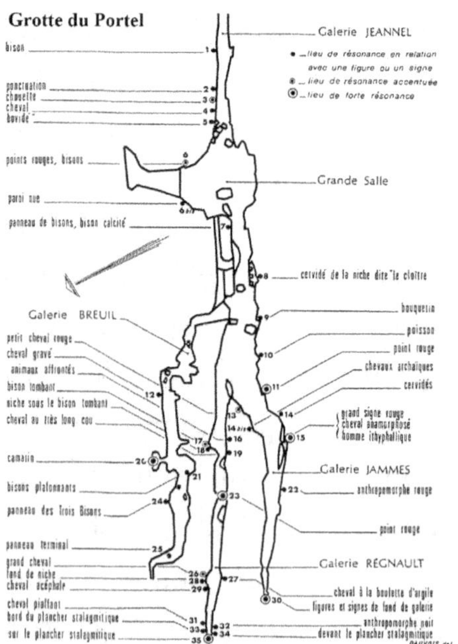

Grotte du Portel
Galerie JEANNEL
bison
ponctuation
chouette
cheval
bovidé
points rouges, bisons
paroi nue
panneau de bisons, bison calciné
Galerie BREUIL
petit cheval rouge
cheval gravé
animaux affrontés
bison tombant
niche sous le bison tombant
cheval au très long cou
camarin
bisons plafonnants
panneau des Trois Bisons
panneau terminal
grand cheval
fond de niche
cheval acéphale
cheval piaffant
bord du plancher stalagmitique
sur le plancher stalagmitique
_ lieu de résonance en relation avec une figure ou un signe
_ lieu de résonance accentuée
_ lieu de forte résonance
Grande Salle
cervidé de la niche dite "le cloître
bouquetin
poisson
point rouge
chevaux archaïques
cervidés
grand signe rouge
cheval anamorphosé
homme ithyphallique
Galerie JAMMES
anthropomorphe rouge
point rouge
Galerie RÉGNAULT
cheval à la boulette d'argile
figures et signes de fond de galerie
anthropomorphe noir
devant le plancher stalagmitique
DAUVOIS del.
f.

éphémère ; en même temps, il leur apporte une force nouvelle par leur matérialisation tangible. Nous pouvons encore y suivre la succession des pensées et des styles (planche 15). Parallèlement, les définitions du rang, du clan et de la fonction sociale se manifestent par d'abondantes décorations corporelles, conservées intactes dans les sépultures et dont les dispositions figées reconstituent les voies par lesquelles l'individu tenait son statut. C'est enfin à cette période que l'homme conquiert le Nouveau Monde, fort de la puissance que lui confèrent ses mythes et ses armes, les deux volets d'une même audace dont nous retrouvons l'écho jusqu'aux sociétés actuelles (planche 13).

La presqu'île européenne, refuge d'innovations d'origine allochtone et d'inventions limitées, ne peut ici servir d'exemple ni de modèle pour la Terre entière. Au contraire, l'Europe ne fut qu'un appendice durant une courte période totalement impensable ailleurs, là où l'immensité des terres mêlait les différentes tentatives et où les masses l'emportaient sur les caractères individuels. Les phénomènes ethniques ont à ce stade été beaucoup plus profonds et plus

Planche 14. L'art éclôt sous toutes ses formes au Paléolithique supérieur européen, par voie sonore, mythologique ou décorative. Il matérialise le nouvel équilibre acquis entre la sensibilité, la pensée et les songes. L'activité esthétique inclut les domaines musicaux dont l'« orchestre » découvert à Mézine avec tambours, racleurs, foyers (e : Bibikov, 1981). Les grottes peintes possèdent leur propre acoustique : les figures sont placées aux endroits de meilleure résonance (f : Dauvois, 1994). Des instruments musicaux furent trouvés en grand nombre, telle cette flûte en os (a), les « sonnailles » (b, c) (coquilles entrechoquées) et l'arc musical joué par cet être hybride (d) chassant des animaux fantastiques (Trois-Frères, Ariège).

explicites qu'auparavant. Grâce à l'art, l'homme moderne a conquis une emprise sur son destin, mais cette fois *via* la lucidité, et a pris le pouvoir sur le temps lui-même par le biais des récits mythiques matérialisés. Ce mécanisme absolument universel n'a rien à voir avec les contingences géographiques ni avec les découvertes techniques ponctuelles, régulièrement alignées pour illustrer l'évolution : il incarne la substance même de la pensée alors que l'art servait la société afin qu'elle existe contre l'univers et contre les autres ethnies.

Parallèlement, de nombreuses « inventions » sont venues stimuler l'aptitude de l'esprit (arc, propulseur, terre cuite, harpon) en une forme d'accélération subite, comme si désormais l'humanité était « prête ». On ne verra là nulle aptitude transcendantale, plutôt un phénomène de convergence historique, extrêmement puissant et tout aussi mystérieux, même s'il est fondamental pour comprendre notre pensée et son fonctionnement. Tout s'est passé de la manière suivante. Les diverses formes de symboles dont l'humanité s'était armée au fil du temps (techniques, esthétiques, mythologiques) se sont cristallisées au stade « moderne », considéré dans sa seule véritable signification : l'acquisition d'une harmonie entre ses composantes naturelles et culturelles. Il s'agit bien là d'un processus strictement historique, touchant les seules réalisations, et sans aucun rapport avec les aptitudes disponibles, qui semblent avoir été constantes dès les origines. L'histoire a ainsi pris le pas sur les processus biologiques, et ce sont désormais les acquis culturels qui ont guidé notre évolution, comme une enveloppe intellectuelle fonctionnant à l'échelle collective, l'anatomie suivant mais avec une extrême lenteur. Du reste, notre enveloppe biologique reste lourdement archaïque.

À partir de la création d'images, l'art paléolithique fonctionne tel un style autonome : il impose partout sa présence, du burin à la yourte, rien n'échappe matériellement à un esprit total, celui qui transforme le monde et l'assortit à la plastique de l'irréel. Il n'y a pas plus de Lascaux « réel » que d'homme marchant de Giacometti. L'art est maître de soi d'emblée, il va chercher le fond des formes pensées par la mythologie pour les rendre visibles. L'art paléolithique, souvent pratiqué, est de pure transcendance. Autant un artiste récent peut-il poser un rince-bouteilles en œuvre d'art, autant l'art paléolithique sacralise la forme naturelle (planche 14.f). Dès qu'un éclat est porté sur une roche cassante, celle-ci recule, donne sa forme, car il ne s'agit alors que d'expressions plastiques, certes rudimentaires, mais humaines. Si les analogies se répètent, alors on peut parler d'histoire des formes, donc d'une tentative d'exprimer le sacré par l'image : ce monde est celui de la solidarité spirituelle propre à une tradition.

Par rapport aux paléanthropiens, la modernité humaine se présente donc comme un moment de notre histoire où les rapports mécaniques se cristallisent, témoignant sans doute d'une forme d'équilibre nouveau entretenu entre les diverses composantes sociales. Les succès acquis sur le gibier grâce aux techniques de propulsion (planche 4.d) rendent totale la mainmise sur des ressources vitales, ainsi à disposition régulière. Inversement, l'emprise des mythes limite ce déséquilibre éventuel. Enfin, la distribution et la mobilité garantissent une cohérence ethnique, évidente par les traces matérielles produites et abandonnées, toutes imprégnées de cet « esprit général ». Les civilisations du Paléolithique récent traversent, intactes et homogènes, tout le continent. Ces processus combinés nous apparaissent tels des sauts qualitatifs, mais il s'agit de congruences, d'associations, de récits fondateurs, dont toutes les potentialités avaient été expérimentées auparavant en ordre dispersé. Cette cristallisation réalisée par la « modernité » humaine pourrait être comparée à une catalyse, où des éléments libres prennent tout à coup une direction unique et une forme nouvelle, une cristallisation inédite. Si l'on y réfléchit, chaque civilisation présente des « moments » catalytiques qui lui donnent forme, caractère et authenticité. Ce type de phénomène, cyclique depuis Cro-Magnon, a été inauguré par lui.

Par ailleurs, on voit bien que de tels phénomènes de « cristallisation culturelle » sont apparus sporadiquement bien plus tôt en Afrique du Sud, mais sont restés éphémères : leur modèle structurel a disparu, dès 50 000 ans. Avec la modernité, tout se passe comme si cette macrostructure elle-même était devenue vitale, indispensable, au même titre que le feu ou la sépulture, consubstantielle à l'humanité.

En Europe, le phénomène est très particulier : le territoire étant enclavé entre océans et continents, les innovations ne pouvaient apparaître que sous une forme décalée. C'est là aussi que la « science » positive est née. Notre continent se présente comme un refuge, une presqu'île où les inventions se surpassent et s'entrecroisent, aux sources de situations inédites dont nous sommes les héritiers directs. L'homme moderne y apparaît brutalement vers 40 000 ans, bien après les autres continents. La « cassure » qu'il représente a donc été longtemps considérée comme une rupture spécifique, bien que totalement artificielle : elle est seulement due aux effets des processus migratoires rapides. Cet homme « européen » apportait un équipement technique redoutable, fait de ramures et de défenses de mammouth : l'arc, la sagaie, le piège, le leurre, autant de modes de distanciation par rapport à la nature. Dès ce moment, l'humanité s'est sentie libérée du contrat naturel qui la liait à l'Univers. Il s'est ensuivi une cascade de « découvertes » qui nous agitent encore. Ainsi, la solidarité naturelle a pris ses distances, équilibrées et surtout contrôlées, et progressivement « domestiquées », en harmonie avec la nature, mais en faveur de l'homme. L'augmentation démographique s'est fait rapidement sentir, de telle sorte que les paléoanthropiens locaux ont dû s'effacer après quelques millénaires, soit après 300 000 années de développement local, car leur mythologie s'est effondrée, comme tous les peuples actuels l'illustrent encore, dès leur brutale mise en contact avec les Européens. Il ne s'agit pas tellement de génocides physiques, plutôt d'effondrements spirituels, beaucoup plus redoutables.

Cet homme moderne, étendu partout sur la Terre, a été le premier détenteur de « machines », c'est-à-dire d'instruments aptes à transformer l'énergie. Le combat avec la proie est devenu lointain. L'énergie mise en œuvre par les arcs et les propulseurs a accentué cette emprise. Le Néolithique n'était pas loin.

Une analogie, plus puissante encore, tient à la représentation du monde animal. À travers des aspects esthétiques extraordinaires, les mythes ont été rendus visibles, « lisibles » par les images qui les illustraient (planche 15).

Le monde physique une fois conquis, l'irréel a suivi, et c'est dans cette vague d'assaut produite par la plastique, la silhouette, la couleur qu'a été « produit » le monde rêvé. L'art paléolithique n'est pas seulement de la représentation : c'est de la mythologie étalée sur des parois. De même pour les outils, les couteaux taillés dans l'ivoire n'offrent pas moins de finesse, d'imprégnation stylistique qu'une œuvre d'art pariétale. Trop souvent pourtant, on les a considérés comme simplement utilitaires. Mais ils répondent, eux aussi, à une codification abstraite coutumière, dont témoigne leur langage technique.

Après le choc de découvertes aussi somptueuses qu'Altamira ou Lascaux, il a fallu reconnaître la grandeur des métaphysiques paléolithiques. Même si on admet qu'elles se fondaient sur les mêmes conceptions artistiques qu'aujourd'hui, il faut admettre qu'elles en étaient les lointaines prémisses. Le génie ne leur fait pas défaut, à travers les formes car cette humanité a mis au point tous les procédés d'expression : de l'image au moulage, des teintes, de la finesse du délié à l'à-plat d'une masse, traversé par un trouble délicatement coloré.

L'un des phénomènes essentiels apparus avec l'homme moderne en Europe, c'est la succession rapide des civilisations, claires et distinctes, qui forme désormais un véritable cadre à l'histoire humaine. La rencontre entre néandertaliens et Cro-Magnon a provoqué une schématisation de deux phénomènes culturels en présence qui se sont radicalisés en s'opposant, ce qui a suscité différentes façons d'être soi-même, collectivement et face aux autres, un peu comme nos églises sont devenues davantage baroques aux Amériques qu'en Europe et que les fétiches africains se sont faits plus nombreux aux contacts avec les Portugais. L'opposition des systèmes de valeurs abstraites s'exprime très matériellement à travers les coutumes et les arts dès qu'ils se sentent menacés. Ils deviennent davantage « lisibles » car ils tentent d'injecter de l'éternité dans leurs façons de faire et de persister à travers les générations. Ces cristallisations collectives ont toujours transmis leur principe constitutif à travers divers codes de valeurs. Elles permettent de voir se succéder des formes techniques, artistiques ou religieuses étendues à travers tout le continent, à des moments et selon des espaces variés. Strellenskien, Sungirien, Aurignacien, Châtelperronien, Gravettien, Solutréen, Magdalénien, Swidérien, Azilien, Hambourgien, Ahrensbourgien se sont ainsi succédé jusqu'à la fin de l'ère glaciaire pour se disloquer dans la forêt tempérée qui a fait suite.

Les matériaux physiques en rendent compte, en dépit des contraintes imposées par le temps. L'utilisation planifiée des ressources en est l'expression la plus tangible, mais elle ne fait que recouvrir et reproduire l'ordre général du monde tel qu'il était conçu en parallèle. Devant le déroulement continuel et irrémédiable du temps, la pensée émergente n'a cessé de se heurter à une absurdité dont seul le mythe pouvait la dégager.

L'archéologie la plus banale ne cesse de renouveler les preuves d'imprégnation stylistique, directement identifiables par leur globalité bien mieux que dans la minutie de leurs détails. Leur existence exprime des identifications conçues au sein des groupes qui s'y reconnaissent et s'y rassurent par les lois perpétuelles de la norme, aussi propres à l'humanité que nuisibles à son progrès. Par leur solidarité, ces traditions ont pu combattre toutes les contraintes, spécialement celles issues de la propre condition humaine, largement restée naturelle. Mais aussi, les exigences posées par les environnements traversés ou, plus radicalement, par les autres traditions rencontrées. Leur puissance coercitive au sein d'un groupe qui y reconnaissait ses membres était telle qu'elles restent identifiables, même dans des contextes aussi éloignés que le nôtre (planches 13, 14, 15). L'exclusivité de ces expressions collectives interdisait d'emblée l'existence de créations isolées. Comme elle réprouvait l'innovation, elle était à la source d'une inertie plusieurs fois millénaire. L'innovation (mythique ou technique) n'était intégrée qu'à la faveur de coïncidences entre nécessités et idées. Aucun argument logique n'autorise à raisonner autrement pendant tout le reste de l'histoire humaine, mais c'est aux néanthropiens que l'on doit l'enclenchement de cette succession d'innovations.

Assez logiquement, les premiers archéologues européens ont dénommé cette période « Paléolithique supérieur », simplement car elle faisait suite aux autres. Pourtant, dès que l'on quitte cette petite partie du monde, on perçoit chacune des caractéristiques qui la définissent, en toute autre période et en tout autre lieu. Par exemple, le débitage de lames existe au Levant dès 120 000 ans. Les hommes modernes peuplent l'Asie et l'Afrique depuis une centaine de milliers d'années. L'art apparaît vers 40 000 ans en Australie. L'outillage osseux est abondant en Afrique centrale dès 80 000 ans. L'usage de colorants et de signes gravés est plus ancien encore en Afrique du Sud. Des séquences complètes de lames et de lamelles sont connues en Asie centrale dès 80 000 ans. Les pendeloques existent dans le Moustérien d'Afrique du Nord et plus anciennement encore en Afrique du Sud. L'art de la Chine, à peine découvert, est à présent connu par des centaines d'œuvres, distribuées dans toutes les périodes et sur toute l'étendue de son immense territoire.

L'effet produit par l'intrusion massive et rapide de ces éléments rassemblés constitue finalement la seule particularité européenne, probablement due à une disposition « en poche » de notre continent, ce qui a créé des entités ethniques plus nettes qu'ailleurs. Les traditions proprement régionales y ont subsisté plus longtemps, s'isolant du reste des créations culturelles et aux origines des tendances régionales actuelles. L'effet de basculement reconnu au départ s'y est par conséquent fait sentir de façon plus nette et constitue un phénomène historique si particulier qu'on n'en trouve guère d'équivalents ailleurs, sinon durant l'ère coloniale. Il en résulte que, dans le même milieu, toujours confiné à l'Europe, de nouveaux phénomènes, nets et bruts, se sont constitués et que l'on y trouve, mieux qu'ailleurs, à la fois des entités structurelles homogènes (désignées souvent de « cultures ») et des successions, obligatoirement restreintes en successions chronologiques, qu'on appellera « histoires ».

Tout commence à l'est avec les sites de Kostienki, Berouchaia Balka (Russie), Buran Kaya (Crimée) et Sungir (Russie), où les ensembles marquent des transitions nouvelles par l'emploi de matières osseuses et les retouches plates pour affûter les pointes. La technologie osseuse s'y impose aussi par la voie des pendeloques. Par la suite, l'homme moderne dans sa forme européenne (Mladec, Moravie) apporte son mode de vie et ses valeurs à tout le

continent avec l'usage de l'image et des armes élaborées :
l'Aurignacien. Le Gravettien qui lui fait suite, aux affinités
orientales plus septentrionales, perfectionne les armements
lithiques et poursuit d'assez près l'art mythique de l'Aurignacien. Cette culture paneuropéenne éclate en deux aires
lorsque les conditions les plus froides apparaissent
(20 000 à 15 000 ans). Au sud-est (Balkans), elle donnera
lieu au Mézinien ou Épigravettien récent, qui se poursuit
jusqu'en Sibérie et dans l'Oural, où deux grottes peintes
sont connues. L'Ouest verra la diffusion du Gravettien
récent vers le sud (pointes à face plane), puis une courte
influence africaine viendra s'y greffer, jusqu'à la Loire (le
Solutréen).

De cette extrémité occidentale vont s'élaborer et se
diffuser les cultures les plus puissantes de la période, avec
le Magdalénien, orienté vers le nord-est en plusieurs
phases, jusqu'à Cracovie (Mamutowa), la Bohême (Hostin),
la Moravie (Pekarna) et, vers le nord, avec les cultures du
Hambourgien et du Creswellien, l'Allemagne et l'Angleterre
étant alors réunies par une plaine exondée. Ces traditions
seront à la source des civilisations germaniques de l'Ouest
scandinave. L'est de la Baltique s'est alors trouvé directement en contact avec les populations de l'Oural, aux affinités asiatiques, dès que le retrait des glaciers septentrionaux le permit. Cette stratification culturelle se retrouve
ailleurs sur la Terre, mais jamais comme en Europe avec
une telle netteté, due aux étroites délimitations géographiques. Ainsi se sont constitués des systèmes de valeurs
aussi clairement définis qu'en perpétuelle transformation :
les changements dus aux activités imaginatives se sont
concentrés sur l'axe « vertical », transformant les systèmes

de valeurs en processus diachroniques, plutôt qu'en dispersions « horizontales » comme ce fut le cas généralement ailleurs. Ces effets cumulés livrent un tableau d'une dynamique évolutive puissante et rapide. Désormais, toute innovation introduite dans un tel milieu en ébullition a été rapidement intégrée au titre de vecteur évolutif ou de critère de valeur, quelle que soit son origine, interne ou externe.

Les exemples sont nets dans le cas du Solutréen, apparemment importé d'Afrique du Nord, aux sources d'un bouleversement aussi rapide qu'éphémère et limité au Sud-Ouest européen. Celui de l'Aurignacien est semblable, mais beaucoup plus puissant et durable : issu d'Asie centrale, il balaie toute l'Europe jusqu'au Portugal et s'y maintient en créant des traditions purement régionales, très éloignées des formules originelles, perdues dans l'immensité asiatique, dont il ne représente en Europe qu'un épigone. Inversement, les milieux clos où bouillonnent les traditions actives et contradictoires de l'Europe produisent des merveilles authentiquement locales, telles les fresques de Lascaux, les armes élaborées par des éléments composites assemblés, les procédés de chasse spécialisés, la création de mondes mythiques, où l'ensemble se trouve rassemblé, justifié, équilibré. L'aventure historique vécue par l'Europe préhistorique n'est que le prélude à toutes celles qui suivront, d'Alexandre à Napoléon, des premières machines à tisser jusqu'à l'industrie lourde. Par sa géographie limitée, l'Europe de l'homme moderne concentre et amplifie des innovations dispersées jusque-là dans d'autres traditions et dans l'infini des steppes de l'Asie ou des forêts africaines. Une fois captée par les milieux actifs des contrées européennes, toute innovation symbolique s'y trouve entraînée

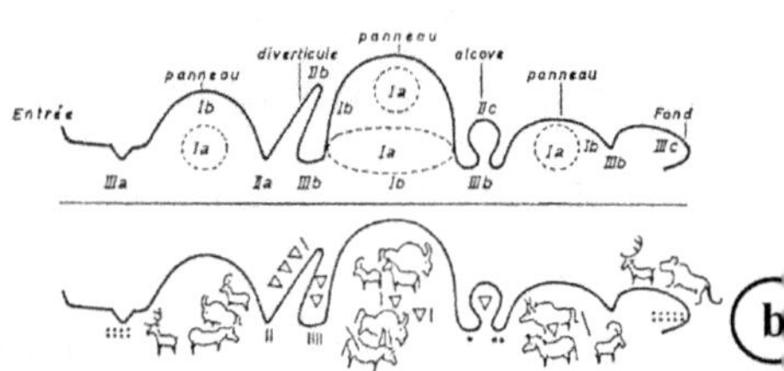
Entrée
panneau
Ib
Ia
IIIa
diverticule
IIb
Ia
IIb
panneau
Ia
Ia
Ib
alcove
IIc
IIIb
panneau
Ia
Ib
Fond
IIIc
IIIb

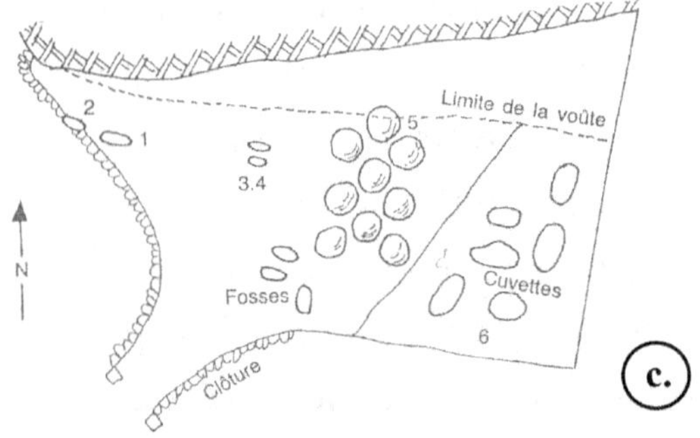
Limite de la voûte
2
1
5
3.4
Fosses
Cuvettes
6
N
Clôture

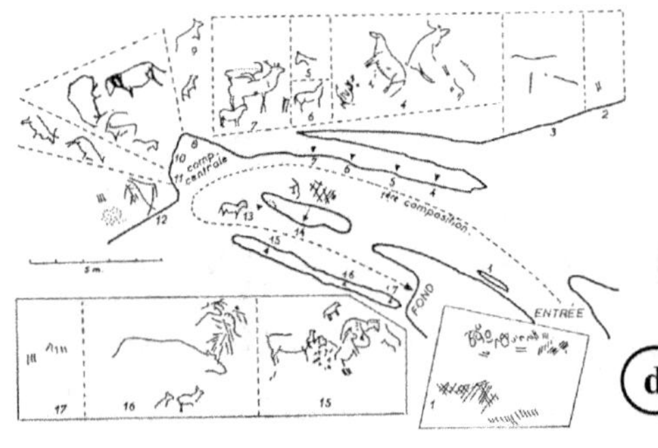
comp.
centrale
1ère composition
ENTRÉE
FOND

dans des réseaux sans fin, qui en tirent toute la substance en termes d'efficacité ou de puissance métaphysique, religieuse ou rationnelle. C'est là, dans ces milieux clos mais en transformation, que toute innovation ébranle la tradition, en lui donnant un « corps » historique, c'est-à-dire en créant une succession de justifications collectives superposées, l'une enclenchant l'autre, car les esprits s'y connaissent et s'y définissent. L'adaptation au milieu naturel n'était pas alors vécue comme une contrainte, l'équilibre étant acquis entre les unités démographiques et les modes de récolte des masses caloriques appropriées. Les gibiers de grande taille, tels les chevaux, les bisons ou les rennes, sont habituellement connus à l'individu près. Les prélèvements s'y réduisent à un jeu de valorisation sociale du chasseur au sein de sa communauté (Ferret, 2009). Ce sont les milieux sociaux étrangers (antérieurs ou contemporains) qui constituent le véritable « cadre », l'environnement nouveau, devenu dès lors culturel, symbolique et spirituel. Les défis biologiques sont abandonnés au sein de la « nature

Planche 15. Les messages mythiques passent d'un mode réaliste (nécropoles moustériennes) aux modes plastiques gérés par les images articulées sur les parois.
Le récit entre dans la mythologie, aussi loin que la parole elle-même : il donnait un sens, une articulation aux concepts (a : Pech Merle). L'aire graphique le démontre amplement avec les rythmes d'images strictement associées et réparties selon les reliefs de la grotte (b : schéma d'A. Leroi-Gourhan, 1968 ; d : développement du décor au Puente Viesgo, Cantabres). Les associations d'animaux ne sont jamais des reproductions de situations réelles, mais des créations mythographiques. Dès le Paléolithique moyen (c : sépultures collectives de La Ferrassie), l'organisation des sépultures et des éléments associés constitue des « phrases » régulières et bien charpentées.

humaine », celle de l'esprit et de ses mécanismes, exclusivement métaphysiques.

Un regard rétrospectif sur le bilan culturel acquis au Paléolithique supérieur européen révèle les particularités de cette phase historique. Sur trente millénaires, les civilisations s'y sont succédé selon un rythme nouveau, dans des catégories strictes et dans toutes les composantes de la pensée symbolique dont les éléments structuraux se révèlent par la complexité des techniques selon des combinaisons chaque fois renouvelées. Dans un espace relativement limité et dans des conditions climatiques analogues (steppes froides) se sont succédé, sur un modèle déjà historique, des solutions métaphysiques, solides et claires, portées par toute une population, étendues d'un bout à l'autre du continent et qui connaissent, au sein d'elles-mêmes, des tâtonnements, des phases d'expansion puis d'effacement. Leurs aires territoriales se sont trouvées également en modifications perpétuelles. Sous un couvert de structures identiques dans leurs aspects religieux, esthétiques et économiques, ces vastes entités culturelles présentaient d'infinies variations, étalées au gré des fonctions locales et des stades évolutifs. En d'autres termes, ces systèmes culturels étaient à la fois suffisamment fermes pour présenter des expressions homogènes comme leurs modes d'existence et suffisamment souples pour rencontrer les nécessités de toute situation neuve. Il s'agissait donc bien de codes culturels liant des ethnies entre elles, au même titre qu'une civilisation classique. Touchés par des idéaux communs, des peuples entiers y pliaient les lois naturelles au gré de leur développement. Ces stratégies d'existence ont uniformisé tous les tourments de la pensée collective dans l'ensemble de ses actions en garantissant autant l'audace des sacrifices (telle la chasse), la communion avec les mystères naturels (l'image, la danse, la musique), le défi avec la mort (règles de partage et rituels funéraires). Mieux qu'ailleurs, on voit ici la puissante cohésion des normes sociales équilibrées avec un système mythique lui-même cohérent. Par voie de conséquence, une telle construction devait aussi rejeter l'altérité, d'origine interne (innovation) ou externe (acculturation). Car un système métaphysique fonde sa sacralité sur le rejet ou la mise à l'écart de perturbations de toutes natures. Ce trait le rend ainsi plus directement lisible considéré de l'extérieur.

Des bouleversements de ce type se font très tôt sentir à l'extrême est du continent où les ensembles groupés sous les appellations de Strellenskien puis de Sungirien, fortement accrochés aux traditions régionales plus anciennes (Ak-Kayen) introduisent en Russie, en Ukraine et en Crimée, avec l'anatomie moderne, l'emploi des colorants, de l'image, des supports laminaires et des pendeloques (40 000 à 35 000 ans). Toutes les formules chères à la métaphysique nouvelle s'y trouvaient déjà concentrées et comme émergeant spontanément de masses ethniques plus puissantes, plus orientales et plus mouvantes qu'en Europe d'alors. Le rapport à la nature y passait déjà par le traitement des matières osseuses, par la représentation et par l'inféodation du lithique (lames) aux matériaux principaux (ossements et ramures). Toutes ces formes d'interdiction, propres aux paléanthropiens, se trouvaient tout à coup amorcées dans une sorte d'aspiration continue qui n'ira qu'en s'amplifiant.

D'autres tentatives tournées vers ces nouvelles formules métaphysiques jaillissent dans le même temps sur des substrats régionaux alors en pleine mouvance : les pointes foliacées vers le nord, le Châtelperronien à l'ouest, l'Uluz-zien au sud. L'image très générale laissée par ces tentatives reste floue car elles ne sont jamais très éloignées, ni dans le temps ni dans l'espace, des bouleversements profonds qui traversent déjà depuis longtemps les populations asia-tiques, sibériennes et africaines, bientôt l'Europe elle-même. Des flux d'idées ont pu traverser l'espace liant les pensées moustériennes, comme une idée traverse aujourd'hui encore tous les milieux, spécialement lorsqu'elle possède une connotation de modernité révolutionnaire (la cra-vate, le portable, les jeans). Cependant, ces phénomènes d'accroches ponctuelles ne viennent pas bouleverser le substrat métaphysique général.

Tant qu'ils restent superficiels et incompris, les éléments extérieurs n'ébranlent pas l'édifice symbolique sur lequel une population a vécu suffisamment longtemps pour que les aïeux qui en ont édicté les règles soient passés dans un souvenir si lointain que leur substance appartient à la matière de la vie elle-même. Rien n'est plus coercitif qu'une règle dont l'enjeu n'est pas cette vie-ci, mais l'éternité même, dont les coutumes forment, dans cette logique, le reflet matériel et quotidien.

Il en va tout autrement, lorsque les pratiquants d'une autre croyance « gagnent » en efficacité, en démographie et en territoire. En vertu de la globalisation vitale du méca-nisme métaphysique, quelque maillon mis en doute place hors circuit l'ensemble et l'élaboration spirituelle se grippe. Il est nécessaire, urgent, vital d'en forger une autre, et c'est l'acculturation, comme bien des chercheurs interprètent le Châtelperronien, par exemple. Le second terme de cette alternative consiste en l'effondrement de la pensée, de la foi et, à terme, des hommes qui la portent, tels les Inuits, les Aborigènes, les Sans sous nos yeux.

Le cas illustré par l'Aurignacien se range dans ce second scénario. La maîtrise mécanique du temps, de la vitesse et de la précision offerte par les armes propulsées, voire par la monte, n'avait rien d'anodin. Au contraire, elle indiquait en amont une audace inouïe pour asservir de cette sorte les lois naturelles comme la liberté animale. Une telle attitude exigeait une élaboration métaphysique beaucoup plus audacieuse que celles pratiquées par les néandertaliens, et là seulement réside la différence entre ces peuples. D'emblée, ces audaces mécaniques s'accompagnent d'autres telles la création et l'utilisation des images où les mythes s'incarnent. L'art religieux aurignacien présente en effet une extrême cohérence plastique assortie d'une très large diversité dans les catégories de supports. Cette variété matérielle forme un témoin sans faille de la puissance abstraite du mythe : comme un voile de forces impérieuses, il s'applique à tous supports.

Des somptueuses cathédrales peintes à Chauvet aux galeries gravées d'Aldène, jusqu'aux arts aurignaciens récemment découverts en Roumanie (Coliboaia), toutes les techniques ont été appliquées aux arts pariétaux. Des dalles peintes ou gravées sont connues en Périgord et en Italie dans le même contexte. Des cortèges de statuettes furent réalisés en ivoire ou en roches tendres (Allemagne, Belgique, Autriche, Dordogne). L'image affirme la suprématie humaine sur les animaux les plus dangereux : rhinocéros, mammouths, félins, hyènes, ours. Une tendance au rendu réaliste les rend plus redoutables encore. La ronde-bosse pour les statuettes les approche du modèle reproduit. Les peintures possèdent un dégradé et un contour délimité, comme si elles jaillissaient de la paroi. Comme dans nos arts baroques, des détails ont été accentués afin d'y exprimer la rudesse, la force et le danger. Toutes ces figures mythiques, précisément celles qui incarnent la nature redoutable, entrent dans le cortège des premiers conquérants d'un nouveau monde. L'image domine le danger réel présenté par ces régions inconnues, elle les fait basculer du « chaos sauvage » vers l'emprise humaine, symbolisée par le signe de sa maîtrise. En d'autres termes, l'esprit des premiers hommes modernes en Europe exprime toute l'ampleur offerte par son emprise technique, défiant les lois naturelles autant que les nouveaux dangers. Car, si l'idée d'une origine au centre de l'Asie se confirme, nous aurions là le double effet de la permanence mécanique, par l'emploi du propulseur approprié à l'immensité des steppes centrales, et la sacralisation des espèces nouvelles, dangereuses, à surmonter par l'intermédiaire de l'image.

La densité démographique des nouveaux arrivants ne faisait que refléter celle déjà acquise aux lieux d'origine et qui a justifié autant leur excès régional, l'investissement vers de nouvelles techniques et leur puissant mouvement d'expansion. La structure mythologique autorisait et favorisait une extension rendue possible grâce aux armes propulsées, soit une conquête spirituelle sur la matière, antérieure mais nécessaire, à l'extension spatiale. Assez clairement, l'art affecte les parois, fixes et perpétuelles, précisément aux marges territoriales, là où la confrontation aux modes antérieurs de pensées se concentrait. Ces marques apportées aux paysages définissaient la propriété par une voie bien plus radicale que la présence physique mais éphémère des chasseurs : elle passe désormais par l'expression figée de leurs mythes. La présence humaine est discrète, comme dans tout art magique dont la force ne peut être retournée vers son auteur. L'homme est représenté masqué à Fumane et couvert d'une dépouille féline au Stadel. La communication avec les esprits doit se faire sous une silhouette dissimulée, tel un chaman actuel, ou recouverte des signes de l'animal le plus dangereux comme le lion. Les femmes apparaissent sous forme de statuettes adipeuses, procréatrices, ou associées par un voile de calcite galbé à la silhouette d'un bison. Comme une sourde dominante de tout esprit religieux, le dualisme sexuel, aux fondements de la plupart des systèmes métaphysiques, s'exprime déjà dans l'homme-lion (tel un lointain Héraclès) et la femme-bison, dont le mythe traverse toute la préhistoire.

Des harmonies triangulaires telles que celles-ci (art, métaphysique, technique) se retrouvent régulièrement. Elles démontrent le parfait équilibre de la pensée collective mise en action dans le paysage. Par exemple l'association fréquente entre les statuettes féminines et les pointes de traits a été récemment mise en évidence pour le Gravettien par Aurélien Simonet (2010). De même, l'association, dans cette même tradition, de l'art rupestre aux sépultures (Jaubert, 2008) démontre clairement une structure de pensée commune reliant toute la sphère symbolique, des habitats aux armatures, des arts aux sépultures. L'abondance d'impressions de mains sur les parois au cours de cette phase médiane du Paléolithique supérieur constitue un autre « signe » ethnique puissant. De dispersion mondiale justifiée par les jeux de symboles qu'elle autorise, l'impression des mains correspond à une forme d'appropriation magique personnelle car ce signe est une trace. Une partie naturelle du corps y est laissée sous forme de silhouette. Cette pratique, menée au fond des grottes humides, obscures et froides évoque comme une signature de cette personne humaine, précisément celle qui a surmonté ces épreuves d'étrangeté et de périls, mais dont la présence reste pétrifiée pour toujours. Ces actions magiques, typiquement gravettiennes, s'assortissent de signes secondaires évoquant les mandras des danses indiennes, où les doigts pliés, sous une forme conventionnelle, contractent un épisode du récit. Ici, les plis des doigts répondent à un code possédant tant de régularité, de soin dans l'exécution, de choix dans la présentation qu'ils entrent fatalement dans la catégorie des « indices » au sens sémiologique. Ils participent d'un discours où se jouent l'analogique (la main) et le code (disposition des doigts). On y pressent une structure topographique, car le lien entretenu avec le déroulement des parois semble évident, voire grammatical car ces mains furent parfois associées à de tout autres signes (animaux ou ponctuations). Quant à l'espace couvert par ces arts de statuettes, il parcourt toute l'Europe moyenne, des plaines russes aux Pyrénées, avec un crochet au sud des Alpes et une extraordinaire concentration en Moravie où les fours pour les Vénus en terre cuite furent retrouvés, entourés de nombreux déchets de modelages.

Le prototype féminin s'accordait à toutes les situations, de la calcite bosselée et colorée à Arcy aux bas-reliefs de Laussel en passant par toutes les matières disponibles pour donner forme à de petits objets : marne, argile, calcaire, ivoire. Cette répartition, exactement conforme à celle des produits techniques, eux-mêmes fort homogènes dans leurs fondements, illustre une fois encore la cohésion de la métaphysique gravettienne. Le rapport au monde passait autant par les modes d'abattage et de consommation que par les reflets esthétiques de leur mythologie. L'extension des modes d'approvisionnement, en coquilles fossiles ou en matériaux lithiques, atteste une unité ethnique vécue, comme telle, au fil de son développement et avec des particularismes régionaux telles des variations d'une seule harmonie comme, justement, les femmes l'illustrent. Dans les arts sur parois et par contraste avec les pratiques de l'Aurignacien, l'image animale perd sa densité texturale ; elle tend vers une silhouette vide, telle une baudruche dont elle prend aussi les gonflements hypertrophiés mais systématiques. Il y a bien une manière de voir le monde propre au Gravettien, comme si une radiographie des rêves avait été opérée. La relation analogique au modèle ne présente qu'un intérêt lointain, elle prend à peine le rang de référent. En revanche, la forme est purement pensée, elle restitue les lois conventionnelles qu'un esprit impose à la nature, et celui-là est bien homogène, toujours présent, d'Arcy (Bourgogne) à Gargas (Pyrénées). L'insistance sur le contour en silhouette se présente comme un artifice, car en réalité c'est la roche ainsi délimitée qui transmet sa texture à l'image, sa densité, sa couleur, son modelé, son grain. Il s'agit d'un des mille procédés par lesquels les artistes paléolithiques ont si bien intégré leurs figures aux galeries rocheuses qu'elles semblent en surgir spontanément et comme si elles s'y étaient toujours trouvées. Au Gravettien, l'art et la nature ne font qu'un.

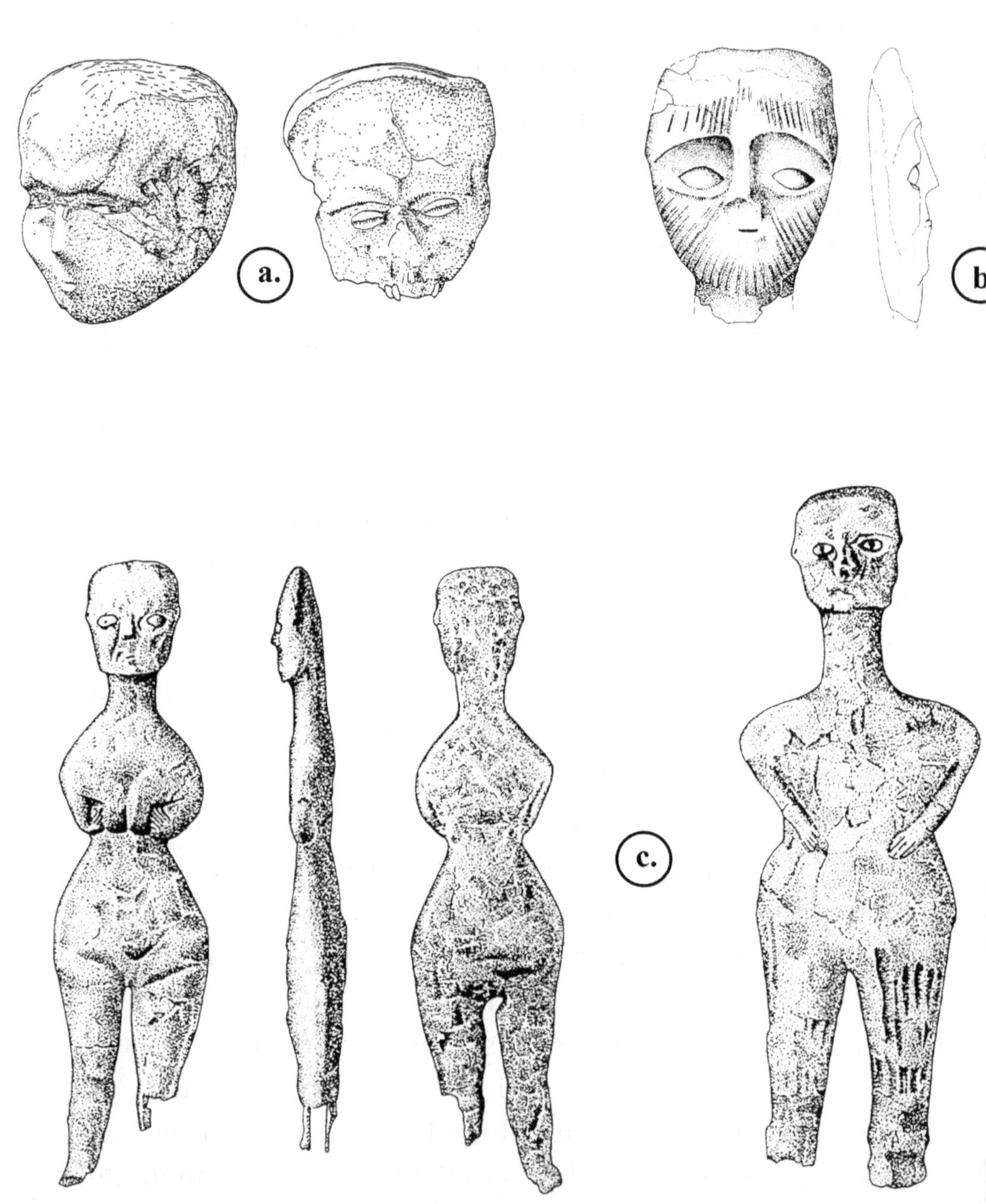

La liberté dont l'homme dispose vis-à-vis des aléas rocheux a été illustrée à diverses reprises au cours de son histoire ; elle en est même devenue comme sa marque distinctive. Cette autonomie se manifeste par l'adaptation culturelle de chaque groupe à des environnements nouveaux, c'est-à-dire à des contraintes renouvelées puis vaincues à la suite d'une phase adaptative plus ou moins prolongée. En effet, cette autonomie se place dans un cadre donné, si rigoureux soit-il, comme les Inuits vivant sur la banquise l'attestent clairement. Nulle banquise au Paléolithique, mais une couverture de glace sur les territoires septentrionaux, entourés de toundras, les steppes giboyeuses s'étendent seulement dans ces marges méridionales. Et l'art s'y exporte sous forme de dalles gravées, de pendeloques humaines descendues des parois tels des crucifix.

Une avancée significative se fait sentir à la fin de l'ère gravettienne. Les populations, dans un premier temps mal équipées, ont reflué vers le sud pour se heurter à la masse des glaciers alpins et vers le nord. L'unité gravettienne s'est divisée et les destins européens en ont été désormais profondément morcelés, au point qu'une forme d'adaptation

Planche 16. Les « masques » humains furent d'abord les crânes eux-mêmes, auxquels les modelages redonnaient chair tandis que des coquilles figuraient les yeux. Les statues réalistes s'imposent ensuite comme autonomes, aux regards saillants, soulignés, significatifs : faits à l'image de l'homme, les dieux sont nés.
L'histoire de l'homme bascule radicalement lorsqu'il se représente lui-même car il y prend la place des esprits naturels et leur donne sa propre allure (c : statues en plâtre, Aïn Ghazal, Néolithique ancien, Jordanie), sans la moindre dissimulation : les « dieux » apparaissent alors, à l'image de l'homme (a, b : crânes surmodelés et statuettes humaines, néolithique ancien, Israël).

nouvelle est apparue de part et d'autre. Dans le sud-est (Balkans, Carpates), les immenses plaines ukraino-russes réservaient aux Gravettiens des territoires steppiques sans fin et à forte biomasse comme l'aurait été l'Ouest américain et où, comme là, les hordes de bisons étaient abondantes. On parle alors de culture mézinienne ou d'Épigravettien tant les accroches techniques avec la tradition mère y furent fortes. Or la réduction du territoire autant que la densité géographique concentraient l'habitat qui tendait vers un modèle mésolithique : permanence des groupes principaux, chasse intensive, emploi de l'arc et arts schématiques. La grande steppe pléistocène, les déplacements périodiques qu'elle impliquait et l'art pariétal qui s'y est alors maintenu montrent toutefois qu'il s'agit encore de l'extension orientale, voire asiatique, du paléolithique supérieur classique, mais dans sa phase finale. Les innovations importantes touchent à la fois l'allègement de l'outillage (pour les proies mobiles mais rapprochées) et les codes schématiques qui envahissent les figures autant que les éléments décoratifs personnels. Tout l'espace mythique du Mézinien fonctionne sur des codes abstraits, liés à une plus forte emprise de l'esprit sur les signes, à une moindre puissance affective, à de plus rares recours à l'émotion. Ce Gravettien oriental annonce une métaphysique radicalement neuve, où l'esprit seul gouvernera les formes, comme au Mésolithique tout proche.

Par la concentration des masses caloriques (abondantes carcasses de mammouths), la semi-sédentarité (« villages osseux ») et par les expressions graphiques (schémas codés), tout le Sud-Est européen évoluait vers le Mésolithique, dès le XVe millénaire. Une importante densité démographique, fondée sur la chasse à l'arc avec chien domestique, explique et justifie l'extrême richesse prise ensuite par les civilisations néolithiques régionales, à la fois anciennes, durables et diversifiées, au nord et à l'ouest de la mer Noire (Karanovo, Cucuteni, Tripolye).

À l'ouest du continent, des phénomènes de compression et de dilatation des traditions ethniques se bousculèrent pour créer des paysages désertiques nouveaux. Deux équilibres furent ébranlés à la fois : la désaffectation des plaines septentrionales et celle, symétrique, du Maghreb. Une concentration des peuples gravettiens et solutréens fut le résultat de cette double migration, comme ces deux systèmes techniques, entrecroisés mais distincts, l'illustrent clairement. On parle en effet de Solutréen pour des ensembles techniques d'une maîtrise si exceptionnelle qu'elle ne peut qu'être le fruit d'un jeu, d'un « défi », une fois encore. L'art si particulier qui les accompagne casse l'évolution régionale, par ses nombreux bas-reliefs, une forme de densité est rendue à l'image, comme à l'Aurignacien, tandis que les figures peintes se limitent à un contour dessiné dont le matériau est fourni par la paroi elle-même. De ce bouillonnement ethnique réservé à l'extrême ouest de l'Eurasie, surgissent deux phénomènes inverses : la disparition des valeurs solutréennes et le relais, de l'art comme dans les techniques, du Gravettien évolué, dans sa plus belle expression : la civilisation magdalénienne, qui s'amorce avec les vertigineuses sarabandes mythiques de Lascaux.

Ici, l'art touche à son apogée : la tension est extrême entre le monde rêvé et son exaltation par l'image. Jaillissant des parois scintillantes de calcite blanche, des cortèges vivants incarnent le monde mythologique des chasseurs, où s'imposent régulièrement les bovidés et les chevaux. En pleine possession de leurs moyens, les artistes allongent, grandissent des animaux gigantesques qui tournoient par-dessus les visiteurs, comme aspirés par leurs récits faits de rêves et d'espoirs. Nous entrons là dans la plus profonde des expressions religieuses : les formes, issues du réel, sont tordues, ployées selon les lois spirituelles. La majesté des voûtes, circulaires ou en berceau, élève autant qu'elle écrase. Cet équilibre mythique trouve son équivalent dans l'emprise technologique tout autant raffinée, où tous les matériaux furent associés pour façonner des outils composites complexes. Armés de cette double assurance, faite d'une mythologie charpentée et d'armes efficaces, les Magdaléniens s'étendent bientôt vers le nord, bien avant toute phase climatique favorable. La colonisation septentrionale s'est donc faite par l'audace d'un peuple assuré de sa puissance, plutôt que sous l'effet d'une faveur environnementale. Cette colonisation de terres désertées s'est faite en quelques siècles, selon l'axe des collines, de l'Aquitaine au Bassin parisien, de l'Ardenne à la Pologne, en passant par la Rhénanie, la Suisse, la Saxe, la Bohême et la Moravie. Partout, les mêmes idéaux imprègnent les techniques et les arts, l'habitat et les matériaux. Cette conquête fut fulgurante, à travers tous les obstacles, elle ne s'épuisa qu'aux confins orientaux des steppes eurasiennes, là où les Méziniens opposaient leurs autres croyances et leurs mythes.

9

Vers la maîtrise du monde, à partir de 10 000 ans

Par une alimentation diversifiée (cueillettes, récoltes, pêche, chasse), l'homme chasseur mésolithique a pu s'installer dans des environnements favorables sous forme permanente (planche 7.a et 9.a). Les premiers villages ne connaissent donc pas la production alimentaire. La récolte des ressources sauvages passe plutôt par une rotation saisonnière affectant les plantes et les animaux dans un même milieu. Cette sédentarisation nous paraît intentionnelle, comme un choix entre différents modes de vie. Cependant, ses conséquences biologiques et spirituelles ont été telles qu'aucun retour en arrière n'a plus été possible : l'homme allait modifier définitivement la biologie des espèces sélectionnées à son profit par le contrôle de leur reproduction et ainsi altérer les variétés naturelles. Ce schéma biologique lointain n'avait pourtant rien d'aléatoire : il se retrouve partout sur la Terre au même « moment » historique et il découle de la profonde modification de l'idée que l'humanité s'était faite d'elle-même auparavant (planche 16.a). Les représentations plastiques vont en effet totalement changer de sens elles aussi : elles figureront avant tout l'humanité elle-même, exprimée dans ses actions et dans la réalité d'événements réellement vécus. Des instants sont rendus visibles, figés dans une réalité virtuelle perpétuée par l'image. Les mythes animaliers du Paléolithique supérieur, exprimant la toute-puissance naturelle, se sont estompés au profit d'actes « religieux » au sens strict, c'est-à-dire faisant intervenir les premiers dieux à image humaine (planches 16.b et 16.c). En prêtant son image aux forces mythiques, l'homme témoignait surtout de la priorité qu'il donnait à ses ambitions : désormais, il sera maître de son destin et la nature subira sa loi.

Sur le globe entier, l'humanité a récolté bien davantage que chassé : des coquilles marines aux tubercules, du piégeage à la cueillette sur arbustes. Considérées sur le plan le plus strictement matériel, les armatures de flèches abondent car elles résistent mieux, mais sur le plan métaphysique, c'est tout le contraire : la flèche est un symbole du temps, de la vitesse, de la précision (planche 4.e). Elle donne à l'homme un pouvoir divin : toute religion en fait son emblème, car elle est sans recours. Le monde artistique du Mésolithique est celui où tout bascule : c'est l'homme qui se représente, c'est lui qui se met en scène, il est le vainqueur de toutes choses, et l'animal est devenu l'accessoire. Les deux mondes lui appartiennent : celui de la Terre et celui des dieux. Toutes les inventions dérivent de cette prise de pouvoir : le rythme des saisons par l'alternance des récoltes, la maîtrise animale, l'image même des dieux, la notion de solidarité sociale ou celle de guerre. Au cours du Mésolithique, il y a une dizaine de millénaires, l'homme est devenu ce qu'il est aujourd'hui, pour le meilleur et pour le pire.

Essentiellement, l'abondance et la diversité alimentaires ont permis aux groupes sociaux de s'identifier à un espace limité, d'occuper un territoire restreint et de le posséder. À partir de là, l'image des cieux observables s'est fixée : les mouvements sont devenus constants et réguliers, le cosmos lui-même s'ordonnait, avec la société des hommes sédentaires. Le pas principal a été franchi lorsque l'homme a rendu à la terre une partie de sa production et, qu'ainsi viande et végétaux ont pu être contrôlés autant que la démographie humaine elle-même. Les vannes étaient ouvertes pour le contrôle alimentaire et psychique. Elles offraient toutes les chances à l'espèce humaine, qui a « fabriqué » les espèces domestiques comme le Créateur avant lui, et la nature a cédé. En diversifiant les ressources alimentaires, l'homme a favorisé la nature fertile et diminué les espèces dangereuses désormais réputées « sauvages ». Très clairement, celles-ci sont passées dans le domaine divin : félin, rapaces, serpents sont devenus les nouveaux dieux sinon leurs attributs, difficiles à saisir et à consommer. Ce basculement a été symbolisé par le serpent d'Ève qui a rendu l'humanité coupable. Dès que l'on passe d'êtres vivants consommables à ceux qui le sont moins, toute la mythologie bascule et l'être redoutable incarne les forces nouvelles invincibles. Le taureau joue le rôle intermédiaire car, en dépit de sa force physique considérable, il sera abattu rituellement par l'humanité « en habits de lumière », tel le toréador, au nom de cette victoire renouvelée régulièrement.

On pourrait imaginer que de tels processus aient affecté certaines peuplades seulement, mais il s'agit d'un phénomène mondial, par lequel toute humanité a transité,

approximativement au même moment, comme s'il était contenu dans son histoire depuis des millions d'années, phase par phase. Jusqu'à ce que l'humanité soit « prête » dans sa conscience, dans le défi que lui lançait son propre destin à jouer son propre rôle. Alors apparaissent les scènes là où les figures entretiennent des relations logiques entre elles (planche 18.e). Ce ne sont plus des reflets naturels mais des associations sémiotiques qui, elles-mêmes, évoquent des événements. Dès leurs représentations, les figures ne portent plus le même sens ni la même image : ce sont des moments réels, figés, matérialisés, dont seul le signal importe. En prêtant son image aux dieux, l'homme les disqualifie, les schématise, invente des épisodes aux sources des récits mythiques consolidés au fil des victoires matérielles. Aujourd'hui, si la science échoue, alors, après dieu, c'est l'homme lui-même qui meurt.

Dans l'histoire humaine, le Mésolithique apparaît partout comme une boule de feu ; elle touche toutes les populations tôt ou tard, les embrase et les rend prêtes à négocier

Planche 17. Les déclinaisons suivies par l'image humaine permettent de reconstituer leur cheminement métaphysique. Du poisson lardé de traits aux dieux animaliers et humains, jusqu'aux symbolismes très crus de la mère enfantant en maîtrisant les félins.
Dans la même foulée, la femme sera la maîtresse des animaux sauvages : procréatrice et dominant les félins (c : Chatal Hüyük, Anatolie, VIIe millénaire ; d : Hacilar, Anatolie). Toutes les religions classiques ont repris ces structures ambiguës où l'âme se déchire entre sa nature et sa culture (b : panthéon égyptien), jusqu'aux attributs grecs, aux masques mélanésiens ou le « chevalier » de nos armoiries. Cette déchirure nature/culture reste douloureuse jusque dans la création des religions, des sciences et des arts, rien ne peut l'altérer, seule la symbiose s'impose (a : Sépik, Catalogne, 1970).

avec la nature, d'égal à égal. La sédentarité, le rapport aux dieux, la chasse à l'arc, l'éventail des ressources terrestres et marines constituent comme la fin d'une aventure, amorcée lorsque l'homme pour la première fois est devenu chasseur. L'accession toujours plus large des moyens aptes à faire glisser l'énergie naturelle vers celle profitable à l'humanité a eu des conséquences inéluctables, quels que soient le lieu de la Terre ou la trajectoire historique considérés. L'esprit s'éveille, stimulé par des défis successifs auxquels les victoires donnent un guide, comme en négatif à l'apparent essoufflement des forces naturelles. L'effet rétroactif d'une invention à large portée a été mis à profit par l'homme grâce à l'audace qu'elle autorise. Elle a contribué à produire un enchaînement sans fin aboutissant à l'idée qu'une forme humaine soit ajoutée aux forces inconnues. La survivance et l'équilibre du monde sauvage ont désormais été laissés à la seule volonté humaine, en clair à la conscience de cette maîtrise, de la métaphysique encore. Les peuples chasseurs actuels témoignent de ce respect de la nature sauvage dans toutes les mythologies connues : on parle, on échange, on négocie avec les forces naturelles au même titre qu'avec d'autres peuples. L'Univers entier possède un esprit équivalent à celui de l'homme. À partir de ce moment, l'aventure humaine modifie radicalement son cours : elle l'oriente vers sa propre condition, elle fait surgir des contradictions internes et élabore de nouvelles règles du jeu social. Les images humaines apparaissent désormais : ce sont les premiers dieux. L'homme sait et montre qu'il sait où il a choisi d'aller : l'animisme s'estompe et ce sont les religions au sens classique qui éclosent, avec des cortèges de personnages distincts, mais humains, et discrètement accompagnés de leur « attribut » animal. Il n'y a pas eu plus grande révolution dans l'histoire humaine, et elle se place, significativement, avant toute modification dans les modes de vie. L'esprit, et lui seul, allait déterminer la fixation de l'habitat, la hiérarchisation sociale et, surtout, contrôler la reproduction des ressources alimentaires. La vie humaine est aux mains de sa conscience, elle entend dicter ses lois à la nature (Cauvin, 1994).

La principale révolution qu'a jamais traversée l'histoire humaine s'est produite lorsque la pensée s'est sentie prête à assumer son destin seule. Toutes les facettes du comportement ont alors été bouleversées, radicalement et pour toujours : maisons, villages, activités économiques et les rapports aux défunts furent dès lors matérialisés, figés, organisés, autant entre eux qu'aux mouvements solaires et cosmiques (planche 20). L'humanité a acquis d'abord une harmonie *via* ses traces symboliques, bien avant que celles-ci ne se transmettent au monde vivant, dénommé par la suite « domestique ». L'archéologie montre l'emploi régulier des mêmes emplacements, voire des mêmes constructions, repérées, réaménagées, réutilisées au fil de leurs usages. Le registre des animaux chassés puis représentés se réduit (Levant espagnol). Surtout, la relation entre chasseurs et gibier « prend forme » sur les images bien avant de l'être réellement. Les dessins mésolithiques, destinés à être vus de loin sous forme spectaculaire, édifiante, ne montrent plus une nature surpuissante, respectée et embellie comme telle, mais des schémas réduits à des éléments langagiers. On y « raconte » l'habileté des hommes, leur organisation efficace et leurs modes d'abattage organisés, afin de régler la mise à mort de l'animal, de façon consciente et prévisionnelle. Comme si le tracé avait précédé l'acte et lui avait donné sa signification, d'abord pensée, ritualisée, collectivisée, enfin rendue spectaculaire, tels les sacrifices antiques, davantage conçus pour l'ostentation que vécus par l'action.

Le Mésolithique est aussi l'ère de la chasse à l'arc. Si cet instrument était connu de tout temps, il a pris alors une ampleur prodigieuse. On le voit représenté comme aucune arme ne l'avait jamais été et en possession exclusive du chasseur mâle, celui qui donne la mort en épanchant le sang. Il sera bientôt l'arme de Vishnou, symbole du chef indien exaltant sa puissance, et entrera dans tous les contes médiévaux où s'exalte la force alliée à la vitesse et à la précision (planche 4.e). Une fois de plus, l'incarnation du symbole guerrier précède et démontre la réponse mécanique de l'homme, vainqueur de son destin, comme la crosse de l'évêque ou le bâton du maréchal. Le symbole exhibé possède infiniment plus de puissance que l'arme elle-même, dispersée parmi les déchets d'habitat. L'arme de pierre, découverte par milliers dans les sites d'occupation domestique, présentait infiniment moins d'usages et requérait moins d'habileté dans sa confection que celles en bois durs, de répartition totalement universelle et de réalisation mille fois plus aisée, comme toutes les observations actuelles l'attestent, de l'Amazonie à la Polynésie. La pointe légère en pierre est non seulement l'objet de performances aux Olympiades actuelles, mais aussi d'une finesse d'élaboration telle (aménagée par pression chauffée) qu'elle fait l'objet de confrontations dans sa maîtrise entre tailleurs expérimentés, difficilement compatibles avec une charge de sangliers ou d'aurochs.

Au Mésolithique, on distingue donc tous les éléments prêts à franchir le cap de la domestication, sauf l'animal lui-même. C'est qu'une fois encore les lois biologiques font traîner leur réponse devant le basculement culturel, dépassé depuis des millénaires. C'est peut-être aussi parce que la phase transitoire vers la domestication n'apparaît que sous forme très discrète dans ses premiers indices, où elles ne sont sans doute pas encore transmises par voie génétique mais culturelle. Dans ce domaine, le basculement suit des voies beaucoup plus lentes que celles du comportement : l'une guidée par l'imaginaire, l'autre par celle très lente des mutations génétiques. Une fois encore, les transmissions par voie symbolique ont été infiniment plus rapides que par voie moléculaire. De quelle nature est donc ce mystérieux décalage entre la pensée et sa réalisation matérielle ? En tous les cas, cette énorme différence entre les deux processus a laissé suffisamment de temps pour que l'action nouvelle conçue, testée, réalisée, adaptée, se substitue à la précédente. Le mécanisme interne, apparemment plus complexe, lie le statut de la réalisation à celui de symbole de sa force et de son prestige. Les guerriers fièrement armés d'arcs ostentatoires ont de loin précédé le passage du mouflon au mouton, par exemple, ou de l'aurochs au taureau : plusieurs millénaires à tout le moins.

Le second exemple tient au domaine des arts, préfigurant l'ère nouvelle. Pour présenter la réalité, l'image s'éloigne de l'illusion par la ressemblance ; elle ne s'attache plus qu'aux signes pertinents à l'identification : silhouettes, encornures, et non le grain du pelage, la couleur de la robe, ses dégradés, ses panachés. L'animal, comme l'homme, est devenu un signe, clairement reconnaissable mais réduit à ses éléments essentiels comme pourrait l'être une lettre alphabétique, où un A n'est qu'un bucrane inversé. Ici, le jeu entretenu entre ces « lettres » est plus proche d'une scène que d'une phrase, bien que mythique. On pourrait la lire : « L'organisation humaine, par sa cohésion, ses armes et son organisation, surmonte un troupeau plus puissant mais moins organisé. » D'autres lectures restent ouvertes, bien entendu, mais à tout le moins, celle-ci s'impose et elle s'aligne très étroitement sur le fil magique de la phrase paléolithique (« vous incarnez nos mythes à l'état libre ») et celle du Néolithique, juste postérieure (« l'homme maîtrise toute nature même sous sa forme la plus dangereuse »). Ces images suivent certainement de très près la pensée métaphysique de l'époque où tout démontre la tentative d'une emprise, cette fois réelle, sur la nature au profit de la subsistance humaine.

Le stockage, la récolte et le réensemencement de variétés favorables à l'homme, la domestication du chien, l'habitat fixe, la présence de meules, la proximité de cimetières collectifs, la déforestation, la pêche côtière, les réseaux marins réguliers (obsidienne de Sicile au Maghreb). Ailleurs, sous les tropiques, cet enchaînement se retrouve à l'identique, simplement étalé dans l'espace, comme nous le serions dans le temps. De telle sorte que le Mésolithique d'Amazonie, d'Indonésie ou de Polynésie se présente sous forme stable, telle une tranche de notre passé et non comme une étape évolutive vers un futur qui y fut brutalement imposé, dépourvu des phases de développement qui les y auraient prolongées. Un archéologue retrouve vivantes les traces laissées par les peuples du Mésolithique, découvertes à grand-peine parmi les cailloux et les ossements.

Orientées vers l'adoration de la nature vierge et sauvage, on trouve pourtant les mêmes prémices à la domestication : le pacage occasionnel d'espèces dépourvues de leur aura d'anciens dieux : basse-cour, suidés, ovicaprins. La récolte des plantes domestiques est liée à des courtes périodes d'arrêt entre le semi-nomadisme car la croissance y est rapide, dans des conditions d'humidité et de chaleur constantes. Les statuettes divines ne laissent aucun doute sur la métamorphose en cours : les forces naturelles productrices sont aux mains d'images analogues aux êtres humains. Analogues mais non identiques car elles portent les attributs de cette puissance : figurations rigides, décors faits de dépouilles animales (plumes) ou végétales (fleurs), rituels régulièrement consacrés où elles sont revivifiées, réanimées, restituées dans leurs fonctions, lors de fêtes saisonnières (planche 17.a). Au fond, la cohérence historique se trouve dès lors justifiée, autant qu'organisée « horizontalement » par des sociétés qui alimentent encore notre propre histoire et lui rendent sa cohésion, disparue sous nos latitudes, sans rien dire de leur éclatante beauté tropicale, si éphémère. Aux Amériques, vers le nord ou vers le sud, la concurrence démographique fut plus rude et les tendances à l'innovation s'imposèrent autant pour surmonter ces tensions que pour les vaincre. Alors, aux marges des aires tropicales, les innovations s'accélérèrent, tant mythiques que techniques, jusqu'au mode expansionniste récent.

Partout, dans toutes les trajectoires spirituelles, arrive un certain moment où l'homme donne sa propre image aux forces de la nature. Les dieux sont nés. Le contrôle de la vie, des images, des espaces et des ressources conduit fatalement sa métaphysique conquérante, à imaginer que les pouvoirs indomptés lui ressemblent. Dès ce moment, toute l'aventure humaine bascule, elle se définit comme autonome, extérieure et maîtresse de tout ce qui l'entoure. L'humanité est prête à quitter le Paradis terrestre, l'harmonie naturelle, pour défier les dieux et créer son propre destin. L'impact biologique sur certaines espèces de plantes et d'animaux (domestication) ne se fera sentir que beaucoup plus tard. Les scènes de chasse où triomphent les schémas anthropomorphes saisissent des moments mythifiés où l'homme s'impose. En Extrême-Orient, la culture jomon façonne, dès le Xe millénaire, de grandes statuettes d'argile cuite, aux regards soulignés, aux yeux grands ouverts. Ces figurines féminines évoquent la reproduction, désormais contrôlée, et l'assurance qu'une évocation humaine puisse garantir la renaissance du groupe. L'idée dominante du Néolithique était déjà là, de la maîtresse des fauves à Chatal Hüyük (Turquie, VIIe millénaire) aux vierges trônant avec le Sauveur entre ses bras dans nos arts gothique et baroque. Le Jomon est pourtant installé dans un milieu économique radicalement prédateur : pêche, cueillette, chasse y assurent exclusivement l'apport nutritif. Mais le Jomon est aussi sédentaire et fait subir à son alimentation une rotation selon les saisons et les denrées successivement disponibles aux points stratégiquement sélectionnés dans ce but. Les rythmes annuels furent ainsi intégrés dans la répartition, typiquement sacrée, que forme l'alimentation, source de vie individuelle et de pérennité du groupe. En captant ainsi les mouvements solaires, les Mésolithiques intègrent aussitôt les rythmes perpétuels les plus profonds. Par leur nomadisme, les peuples paléolithiques ne pouvaient choisir les décalages quotidiens du Soleil : leurs calendriers se fondaient sur les cycles lunaires, visibles avec régularité de tous les points de l'espace terrestre.

Dès que la fixité de l'habitat est devenue la règle, les rythmes solaires ont paru beaucoup plus sûrs. Par sa chaleur, sa lumière, sa majesté, le Soleil évoquait une puissance beaucoup plus forte que la Lune. Et ce sont sur ses mouvements que les maisons, les sépultures et les sculptures anthropomorphes vont spontanément « s'orienter » à Lepenski-Vir, village mésolithique aux bords du Danube, en Serbie actuelle. Ces statues, aux larges yeux grands ouverts sur l'aurore, sont désormais fixes, elles aussi, et placées aux portes, soit aux termes des passages cruciaux entre l'intérieur sacralisé par la sépulture et le chaos externe où vit une nature sauvage, hors norme. Placée dans l'habitat, l'inhumation indique clairement l'importance du lieu, donc du lignage qui en vit. La multiplication des nécropoles, en plein Mésolithique, retrouvées sur la côte atlantique, du Danemark à la Bretagne, du Portugal au Maroc, possède la même force symbolique : l'attache au sol, prolongée par la mer côtière où les denrées sont inépuisables. Cette mer semble parfois constituer comme un « territoire fluide » dès que les mêmes civilisations s'y retrouvent, de part et d'autre, comme entre Sicile et Tunisie, où de telles relations s'illustrent dans les styles artistiques. Ces rapports étaient eux aussi de portée religieuse, fût-ce pour surmonter de tels environnements si impropres aux primates humains. L'art exsude ces rapports : les scènes animées où se groupent des humains schématiques dans des rituels, sont d'esprit identique, à Addaura en Sicile et au Maghreb, très fertile à cette période. Comme l'homme

a.

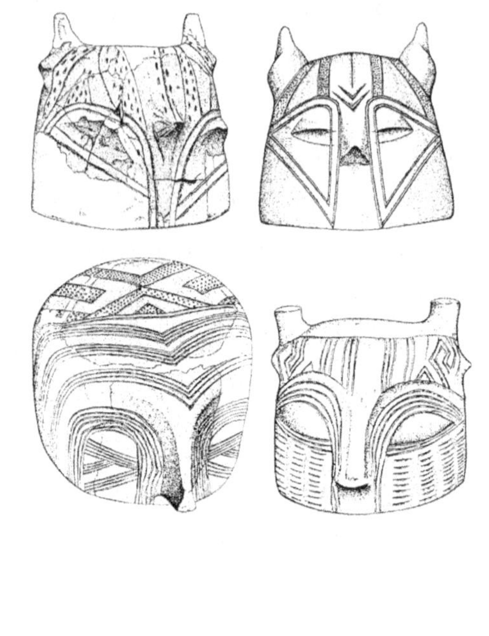

b.

c.

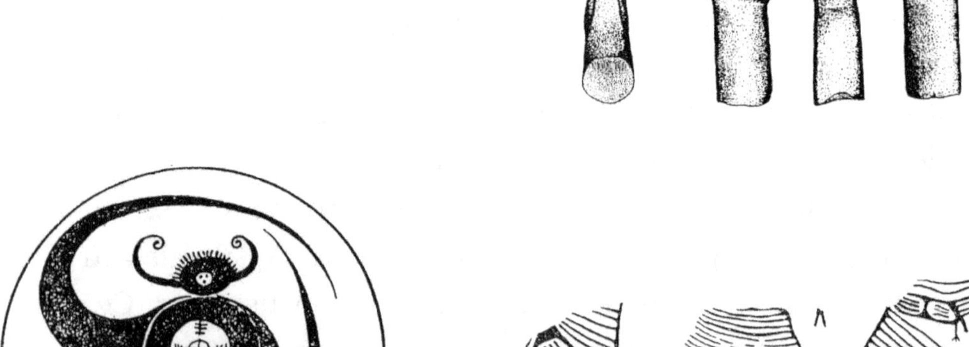

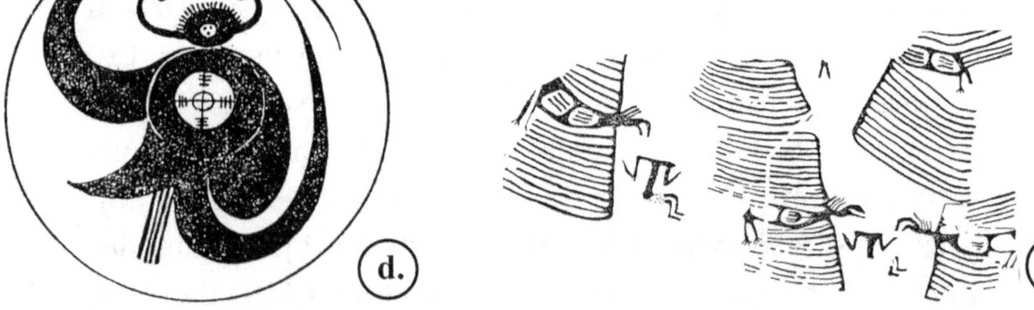

d.

e.

quitta la forêt pour la savane, il quitte aussi la Terre pour ces conquêtes hasardeuses. Il se trouve assuré dans cette entreprise par une foi nouvelle, fondée sur les mouvements solaires et des dieux qui lui ressemblent au point de pouvoir infléchir leur volonté. Toutes les religions historiques trouvent leur fondement dans cet acte audacieux, et peut-être fatal, car alors l'homme se retrouve seul, face à lui-même et à des forces dont même l'image est humaine. Rétrospectivement, il est instructif de constater la coïncidence entre la réduction d'un vaste panthéon à un monothéisme, toujours dans ce sens, toujours avec l'écriture, toujours après cette prise de possession des forces naturelles au Mésolithique. Voilà encore une des lois humaines proprement universelles, que nulle biologie n'expliquera jamais.

Planche 18. Les images d'animaux dangereux apparaissent, persistent et s'amplifient avec le Néolithique. Exclus du domaine domestique, ils basculèrent du côté des attributs divins.
L'association est plus nette encore avec les oiseaux rapaces (a : Gulmenitsa, mer Noire, Néolithique, Gimbutas, 1987 ; b : civilisation de Vinca, Serbie, Gimbutas, 1987 ; d : vase pueblo), traités sous toutes leurs formes, comme s'ils comportaient la tête (c : Nemrik, Irak, Gimbutas, 1987), la pensée et l'âme des hommes. Leur regard est souligné comme pour insister sur leur lucidité et leur envol suggère le retour au cosmos (e et f : Chatal Hüyük, Anatolie, VIIe millénaire, Mellaart, 1975).

10

Créer le monde

Au Néolithique, l'homme tire profit d'un espace domestiqué, arraché au chaos sauvage, comme les colons ont planté la croix chrétienne au Nouveau Monde. La ressource vitale est inscrite dans le sol, espace qu'il s'agit de faire basculer progressivement du côté de la culture. L'homme producteur est avant tout un envahisseur : ses dogmes comme son système économique exigent une expansion perpétuelle, rendue possible par la sacralisation du lieu, par les bornages, les limites, les temples (planche 10).

Dès que l'homme a été en contact intime avec des animaux grégaires avec lesquels il échangeait protection et subsistance, ceux-ci l'ont accompagné. Une sorte de symbiose s'est alors installée : c'est le début de nos fermes et de nos champs. Les activités artisanales ont suivi, telles la poterie, la charpenterie, la mouture, les faucilles, mais surtout les temples. Le Néolithique a été l'ère de la délégation : de l'artisanat à l'activité religieuse. Les activités se sont spécialisées, comme la hiérarchie sur le plan social. Une civilisation s'est bâtie autour du temple et du palais. Ensuite, les autres activités artisanales sont venues s'étaler. Ainsi s'est constituée la cité au centre des campagnes et autour des marchés. La solution adoptée par le Néolithique a consisté à gangrener les paysages, à y installer un ordre, un contrôle, à y drainer les biens et les hommes. Sanctuaires et villages étaient orientés de telle sorte que ces constructions créaient du sacré, rigoureusement à l'est, là où le Soleil éclaire la Terre quotidiennement, suivant un mouvement courbe qui lui donne toute l'apparence d'une productivité active, chaque jour et chaque année. C'est donc là que les activités religieuses devaient se concentrer, s'organiser, de façon à montrer que c'étaient elles, et non le Soleil, qui étaient le moteur, ainsi que le dieu qui y était adoré. Les monuments mégalithiques ne sont rien d'autre : ils étaient destinés à capter la force solaire pour les cérémonies comme pour les sépultures. Le Néolithique est l'âge du Soleil, celui qui fortifie, *via* la terre et l'eau, qui fait surgir la vie grâce au contrôle de l'alimentation (planche 20).

L'homme étend ainsi sa maîtrise. Dès la fin de ce processus, l'écriture est apparue afin de fixer les limites des biens. Et, c'est précisément ce qu'on aurait voulu le moins savoir, bercé par les contes et les mythes dont les déroulements étaient perpétuels et combattaient le temps. C'est pourtant sur cette base que la hiérarchie sociale s'est imposée, encore accentuée par la maîtrise des armes métalliques.

Sur le plan sacrificiel, le phénomène est encore plus clair. Toute humanité échange sa propre vitalité avec celle des forces naturelles. Ainsi, la sacralité de la victime doit être momentanément suspendue, comme les privations que l'humanité s'impose : du confort chez le mystique à l'agneau chez l'officiant. Lorsque l'homme se fait dieu, son image doit être sacrifiée elle aussi, car il est devenu son propre producteur. Ainsi les images des religions récentes découlent-elles spontanément de l'archéologie la plus ancienne comme le vin et le pain forment les symboles de la rédemption, directement transposés à partir de l'anthropophagie paléolithique.

Tout au long de la préhistoire, cet échange a eu lieu : le premier animal abattu et consommé participait aussi à la vie même dont l'homme était constitué. La prise de conscience d'une forme de tricherie par rapport à l'alimentation végétale fut dès lors aux origines de la déchirure fondamentale qui a traversé toute l'histoire humaine : une nature biologique doublée d'une pensée assassine. Car il était indispensable de tuer pour survivre en dehors des forêts. Si la nécessité biologique l'exigeait, la conscience s'y opposait. Toute l'alimentation carnée consommée depuis lors n'a fait que prolonger cette déchirure, légitimée par la seule pensée en creusant le fossé entre animalité et humanité, voire au sein même de celle-ci. À terme, cette attitude ne pouvait que devenir autodestructrice, car le rythme des « sacrifices » est supérieur à celui de la reproduction spontanée. L'intermède néolithique où le cheptel fut élevé était déjà insuffisant à l'aube des Temps modernes. Il est complètement dépassé aujourd'hui : la viande « sacrifiée » en hamburger n'a ni l'aspect ni le goût de l'animal abattu en série. La sacralité s'est donc déplacée ailleurs, dans des valeurs socialement incontestables (justice, progrès, science, morale, sens commun).

Tirant sa substance de vieilles traditions, l'Ancien Testament évoque en les mythifiant les crues des grands fleuves (le Déluge), la fuite des animaux sauvages avant l'exode du Paradis terrestre, la fertilité doublement évoquée par les images féminines, les labours et les animaux domestiques. Un monde bascule avec la sédentarisation et la production agricole. Tous les aspects mythiques précédaient les transformations économiques et alimentaires. L'homme fixé en un lieu devient possesseur *via* les points cardinaux qui donnent un sens, un ordre, imposé à la nature par l'urbanisation. Une fois enclenchée, cette cause mystique n'aura plus de fin et fera galoper l'histoire jusqu'aujourd'hui.

Le contrôle démographique était imposé par le nomadisme. La récolte, la chasse le vident complètement de son sens dès que l'humanité cherche à maîtriser son destin contre les forces naturelles productrices. L'idéologie qui y était liée, accentuait cette domination symbolique et lui donnait donc une valeur positive. Ainsi l'agriculture a-t-elle pu passer pour un « progrès » entraînant bien d'autres conséquences néfastes, fatales permettant d'apprécier et d'encourager l'urbanisation, la royauté et l'écriture. Le mythe de Caïn et Abel évoque clairement cette façon d'opposer deux mondes, de leur donner des destins et des avenirs différents, voire opposés.

Symboliquement réduite en deux unités, l'humanité, selon la pensée biblique, a imposé une dichotomie fondamentale et fausse : l'agriculteur et l'éleveur. Toute autre forme de vie humaine n'existe plus désormais. Strictement limitée sur le plan archéologique et dans ce minuscule coin du monde aux yeux des « créateurs » de tous les dogmes néolithiques ultérieurs. On sait pourtant que partout ailleurs les choses n'ont jamais été aussi simples ni aussi dualistes. Cependant, ce modèle a fécondé l'Anatolie puis l'Europe et au-delà tous les peuples colonisés, avec ou sans mythologie agraire. En d'autres termes, c'est le fruit légué, en notre nom, à tous les peuples de la Terre quelles qu'aient été leurs capacités d'assimilation.

Dès lors, ce modèle s'est décliné sous de multiples variétés et a envahi avec force l'Asie Mineure, les Balkans, puis le bassin danubien et ses affluents, de Cracovie à Paris, selon le même schéma économique, technique et religieux. Il fonde encore les notions de bien et de mal, de vrai ou de faux : c'est le modèle occidental, toujours issu des penseurs qui ont réglementé la néolithisation et ses valeurs depuis l'Ancien Testament jusqu'à l'IVG. D'autres arguments sont apparus, mais globalement, ces deux sources, par leur puissance simplificatrice, ont fendu l'univers métaphysique en deux moitiés, celle du bien associé à Abel et celle du mal en perpétuelle déroute, incarné par Caïn. Tel est le fondement de notre métaphysique, de notre logique dont Kant lui-même ne s'est pas défait (Achard *e.a.*, 1977).

Dès que ce mouvement d'expansion territoriale s'est tourné vers l'ouest, à travers les Balkans, aucun retour en arrière n'a été possible : les nouvelles générations exigeaient de nouveaux territoires. Elles ont progressé et apporté avec elles l'économie agropastorale et les valeurs religieuses qui les sous-tendaient. La pensée grecque, alors en pleine gestation, en porte la marque (Minotaure, hydre aux serpents, Diane à l'arc, Athéna à la chouette, Harpies et rapaces, Héraclès et le lion), directement issue de la préhistoire.

À partir de l'Anatolie, toute la masse des Balkans s'est ainsi trouvée « néolithisée », c'est-à-dire totalement acquise aux nouvelles pratiques alimentaires par l'agriculture et l'élevage. On le voit aussi à travers l'architecture, faite de maisons aux toits plats, aux murs blancs couverts d'argile.

Une place centrale est aménagée au sommet d'une colline, lointain vestige d'un temple « consacré ». Cette conquête de l'espace, *via* la sacralisation des lieux, caractérise et explique la rapide expansion du nouveau mode de vie à travers toute l'Europe, depuis le Danube jusqu'à l'Atlantique. Il s'agit en effet toujours de faire basculer l'espace conquis du chaos vers la sacralité, donc vers la possibilité d'expansion infinie dans l'espace, tels les mégalithes. Comme les marins plantent d'abord la croix sur une terre inconnue. Dans ces temples se trouvait une multitude de statuettes féminines souvent aux attributs animaux : le serpent, le félidé, le rapace (planche 17). La relation symbolique est évidente puisque la femme procréatrice sera fécondée par les forces terriennes sous-jacentes (« chtoniennes »). Les deux grands symboles qui traverseront tous les mythes jusqu'aux périodes historiques toucheront l'eau et la terre.

La lutte victorieuse avec le taureau primordial, déjà à Lascaux dès le XVIIIe millénaire, encore à Chatal Hüyük au VIIe millénaire et finalement dans nos corridas actuelles, n'est rien d'autre que l'opposition animale, puissante, farouche mais dont l'homme doit se rendre maître par son astuce et son audace. Toute la mythologie néolithique et bien d'autres après elle auront pour fonction cardinale de repousser les forces sauvages, souvent incarnées dans un animal redoutable, tel le lion, le dragon et le rapace (harpies) au profit de l'humanité, collégialement réunie pour revoir ce spectacle. De telle sorte que chacune de ces scènes, reproduite par milliers ou renouvelée sans fin (comme les « sacrifices » de nos messes), n'a d'autre but que d'affirmer le pacte liant les forces surnaturelles à l'humanité. Que celles-ci aient pris forme humaine entre-temps ne modifie en rien l'échange (le « sacrifice ») entre une destinée perpétuelle et le déversement de cette perpétuité dans chacun de nos destins individuels.

La diffusion, à partir des Balkans va se poursuivre dans le bassin de l'Alföld, où coulent parallèlement le Danube et la Tisza, et qui forme aujourd'hui la Hongrie. C'est le territoire de la dernière extension des *tells*, terme d'origine arabe, désignant les masses argileuses formées par les maisons successives et restées au même emplacement. On les retrouve jusqu'en Hongrie, où une nouvelle architecture va voir le jour, de même qu'une nouvelle économie, adaptée aux forêts humides de l'Europe centrale, jusqu'au Bassin parisien : le Rubané, du nom de son décor principal, en rubans (nous sommes entre 5 500 et 5 000 ans avant notre ère), soit en spirales décomposées (l'eau une fois encore). Les maisons, faites de bois et d'argile, sont souvent « orientées » : la porte tournée vers le levant. Ainsi, les enceintes, vaguement ovales, possèdent deux axes principaux : l'un vers le levant, l'autre vers le couchant, en ces hautes latitudes. Le décor de la céramique « en rubans spiralés » fonctionne de la double manière : il évoque la boucle de la vague et renvoie à son propre matériau : l'argile féconde. Probablement, le matériau lui-même dont est fait le vase renvoie-t-il à la fertilité des mêmes sols d'où elle fut extraite : microcosme à nouveau dont la lutte contre le taureau évoquait le même principe. Lutte sans merci, à renouveler régulièrement pour la sauvegarde de notre espèce, de notre esprit, de nos audaces, jamais garanties car toujours contre nature, même si elles ne sont qu'éphémères.

Au nord de l'estuaire danubien (Doburca) s'étire une immense plaine fertile jusqu'à l'Ukraine et la Crimée. Les

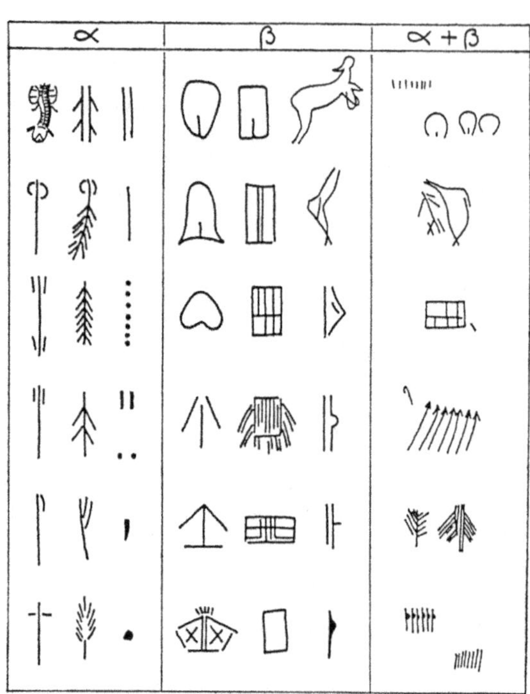

b.

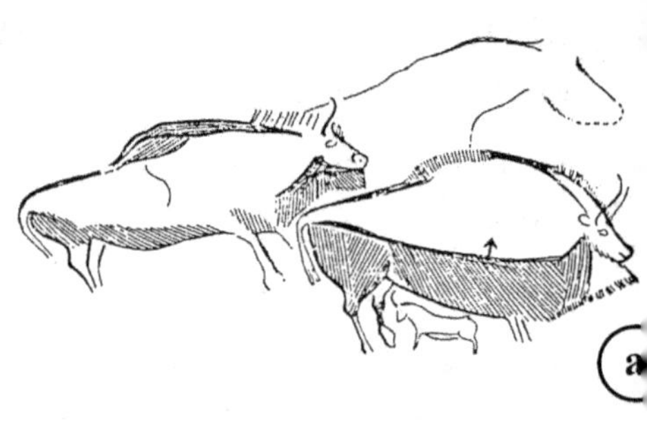

a.

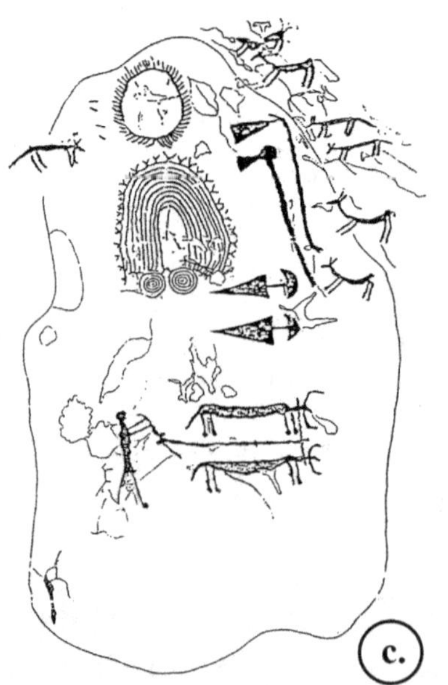

c.

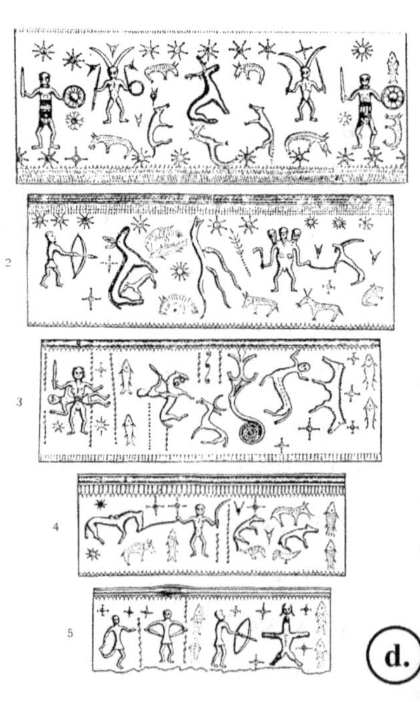

d.

grandes jarres peintes n'ont rien à voir avec l'influence anatolienne. Par leur silhouette, elles évoquent plutôt l'ouest de la Chine. Elles y marquent probablement une aire nucléaire globalement située autour du lac Balkash et qui, elle aussi, a diffusé vers l'ouest ses propres conquêtes, suivant la zone des steppes, au nord de la mer Noire.

Notre petit continent se ferme à nouveau par les montagnes de l'Oural où le Néolithique endogène se diffuse en Estonie au fil du tardiglaciaire, formant aujourd'hui une sorte de minorité non européenne, dans un continent largement dominé par les Indo-Européens, étalés, du Pendjab à l'Irlande, depuis le Paléolithique supérieur (Cro-Magnon).

Tout le reste du continent s'est néolithisé à la suite de ce puissant courant qui s'étendait à mesure de ses moyens, depuis le Bassin parisien jusqu'à l'Ukraine. Les premiers défricheurs étaient en marche et donnèrent des paysages libres de végétaux arborés, pour les Celtes, les Romains, les Germains et jusqu'aux nations actuelles. Avec la maîtrise des métaux, la direction ne changeait guère, sinon par la vitesse plus ou moins grande prise par la déforestation, car les sous-sols y furent très fertiles spontanément :

Planche 19. Les structures écrites alignent les codes, en leur donnant une signification contextuelle. L'image se décharne vers le signe dont le sens appartient aux coutumes, non aux modèles.
Par la perte de leur substance plastique, les images deviennent des schémas (b : Leroi-Gourhan, 1968), voire des signes et des symboles ouvrant sur un autre monde : celui du mystère du langage. Car leur sens propre provient de leurs associations structurées (a : Niaux, XIVe millénaire). Néanmoins, les éléments principaux restent en position constante, il s'agit bien là d'une syntaxe car elle est répétitive (c : Val Camonica, âge du bronze) et illustre le panthéon (d : cornes de Gallehus, Germains).

couverts de dépôts « lœssiques » apportés par le vent et très chargés en carbonates, favorables à une culture « riche » telle celle des céréales.

Durant les VIe et VIIe millénaires, tout l'ouest de la France, l'Espagne et l'Italie subissaient une forte influence venue du Maghreb, depuis Malte jusqu'à Gibraltar. Ces couloirs marins n'étaient guère difficiles à traverser, d'autant moins que la montée des eaux a été tardive et progressive. Dès les gravures d'Addaura (Sicile, vers 11 000 ans), on décèle d'évidentes analogies avec l'art rupestre maghrébin : l'animation (totalement absente au Paléolithique), la « mise en scène » (les personnages entretiennent des relations fictives) et le style général, orienté plus vers la caricature que par la peinture modelée. Tous ces éléments possèdent une allure africaine qui ne s'étend d'ailleurs pas en Europe au-delà des péninsules.

Une autre influence se marque avec l'Afrique, à l'extrême ouest du continent (« jardins des Hespérides »). De fréquents contacts ont eu lieu de chaque côté du détroit de Gibraltar. Les grandes stèles qui ornent le jardin du musée de Tanger sont identiques aux piédroits, aux linteaux, aux portes qui donnent accès, sur le continent, aux gigantesques *tumuli*, tel celui de Gavrinis au sud de la Bretagne (Néolithique et âge du bronze, depuis la fin du IVe jusqu'au IIe millénaire avant notre ère). Ces immenses buttes funéraires, implantées sur une élévation naturelle, marquaient la propriété du paysage, donc celle de toute la communauté des vivants, dont les villages furent installés à proximité. La marque symbolique est extrêmement forte ici, voire monumentale car elle désigne une propriété « éternelle » elle-même inscrite dans le paysage naturel, comme si elle s'y intégrait.

Le plus formidable signe de la préhistoire est donné par les innombrables mégalithes qui traversent tout l'Occident européen, sous la forme de monuments signalétiques (pierres dressées, « menhirs » en breton), d'arcs de cercle (« cromlech ») orientés ou de ces immenses dolmens (« tables de pierres ») installés au sommet d'une butte, visibles de partout et qui contenaient les restes funéraires, les armes, les bijoux des défunts (planche 20). Par ce biais, le paysage lui-même s'est socialisé, voire sacralisé, selon la signification que l'on veut bien donner à ces gigantesques monuments de pierres assemblées. La propriété est devenue alors non seulement durable par les roches dont ils étaient bâtis, mais elle établissait aussi pour l'éternité la liaison magique entre les cieux fertilisants, la chaleur du Soleil et la Terre productrice afin d'alimenter l'humanité qui les a érigés. Partout sur la Terre, là où les éléments s'y prêtaient et où les communautés étaient assez denses, de telles sépultures monumentales ont surgi, moyennant les efforts collectifs de toute la population. Comme si par ces gestes, la communauté tout entière participait au même destin, définitif, immuable.

Avec le Néolithique, l'aventure humaine bascule du côté de l'histoire, c'est-à-dire qu'elle se poursuit par et pour elle-même. Les craintes et les espoirs métaphysiques se sont retournés en l'homme, voire contre lui-même. La linéarité s'impose comme un axe de causalité, de signification, comme les lettres de l'écriture vont bientôt le promouvoir sous une forme radicale, irréversible. La notion de temps a changé de nature, les cycles se sont étalés dans une continuité où s'accroche un passé considéré comme constitutif du présent et une direction donnée à l'avenir où un état meilleur est placé. Devenues à son image, les forces inaccessibles du destin peuvent être comprises, ménagées, orientées au profit de l'humanité. Dès lors, les innovations s'accélèrent follement, les lois naturelles sont brisées car l'homme agit au nom des dieux : espaces, alimentations, techniques sont successivement maîtrisés par la seule pensée humaine et à son seul profit. Des explosions démographiques se succèdent, partout où cette nouvelle métaphysique trouble l'âme de l'humanité prédatrice, restée en harmonie naturelle depuis des millions d'années. Car la fascination exercée par des peuples apparemment maîtres de la nature a été fatale pour ceux qui en dépendaient : leurs dieux, donc leurs valeurs, paraissaient supérieurs. Touchée par l'épidémie spirituelle, l'Europe entière a basculé en quelques siècles, sans le recours parfois supposé de vagues migratoires, sinon en son sein même. La fulgurance des idées de progrès dû à sa seule volonté a enflammé un continent acculé à la mer. À ses marges se sont alors élevés les monuments en blocs massifs, tendus vers le cosmos, telle une ultime fuite. Les tensions internes n'en devenaient que plus vives, elles s'engloutissaient dans les guerres, rares auparavant, ou dans d'autres innovations de tous ordres : théologiques, philosophiques, sociales, techniques, considérées comme autant de progrès, épuisant les ressources mentales, en perpétuelle sollicitation, en constantes oppositions, sinon rivales. Ces esprits sous pression ont alors créé des cathédrales, des musiques célestes, des peintures étourdissantes, des récits enivrants. Car, en créant les dieux puis en les défiant, l'humanité s'est retrouvée seule, dans ce cosmos immense, sans raison et sans but. Il a fallu forger une autre métaphysique : la philosophie puis la science y ont successivement pourvu, mais sous une forme toute provisoire. En l'absence de superstructure métaphysique, les aspirations profondes qui les avaient bâties restent toujours aussi vives. Là réside le principal danger guettant notre espèce, pire que toutes les bactéries, que toutes les radiations nucléaires, car il touche aux fondements mêmes de l'humanité, créés par son seul esprit et vulnérables par là surtout.

D'une façon très significative, avec le Néolithique, les images animales, jadis au cœur des mythes, tombent au niveau d'« attributs », comme les mythologies égyptienne ou grecque l'illustrent encore avec éloquence. Il est curieux de constater leur présence, discrète mais significative, tout au long du récit biblique. Le serpent donne la pomme à Ève et se trouve représenté précisément dès le Néolithique, en position intermédiaire entre la terre et l'air (piliers de temples, orthostates des mégalithes). L'âne et le bœuf de la crèche chrétienne évoquent la lointaine nature, domestiquée, mais où perce encore la dyade fondamentale propre aux fresques paléolithiques. Le veau d'or, détruit par Moïse au profit du Verbe, donc de l'écrit, évoque les combats perpétuellement représentés entre le taureau et l'homme, soit entre la force animale et l'astuce humaine, depuis Chatal Hüyük (Anatolie, VIIe millénaire) jusqu'aux tauromachies actuelles.

La maîtrise du temps s'accompagne de celle de l'espace : les temples y pourvoient en délimitant un espace sacré dans l'espace laïque. Ils poursuivent les processus de délégations propres à l'ensemble de ces sociétés. Le prêtre, le guerrier, l'artisan, le producteur rassemblent quelques exemples de cette délimitation sociale analogue à celle de l'espace et du

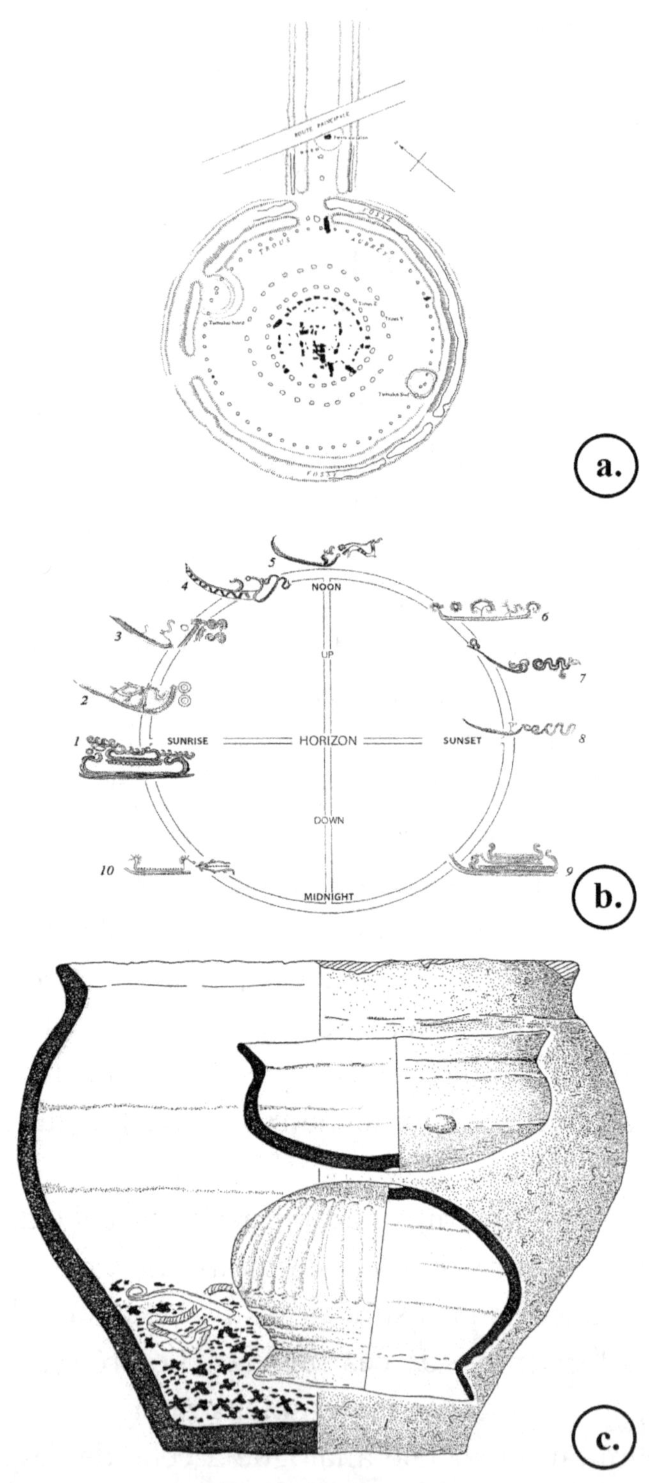
a.
NOON
UP
SUNRISE HORIZON SUNSET
DOWN
MIDNIGHT
b.
c.

temps. Ainsi la macrostructure incarnée par la société est-elle composite, mais solidaire. C'est là où la coercition est devenue la plus radicale car l'initiative aventureuse risquait de mettre en péril l'ensemble de ses composantes. Or le propre de l'esprit s'exerce dans l'audace et la nouveauté. Des déchirements internes peuvent s'ensuivre, autant que des changements radicaux d'orientation : les processus révolutionnaires sont de cette nature. Même si elles n'aboutissent pas toujours à la mort du prince, les idées neuves en perpétuelle création peuvent se trouver en phase avec un besoin : elles sont alors gratifiées et intégrées, après remodelage des règles sociales où elles prennent un sens. Ces flux d'idées, d'origine interne ou externe, agissent toujours par la voie symbolique, même si leurs reflets lointains semblent seulement matériels. Un changement dans le talon d'un outil ou le décor d'une poterie transite d'abord par sa reconnaissance lorsque son idée est confrontée aux systèmes de valeurs où il est intégré. En effet, nous ne pouvons percevoir et manipuler logiquement que des ensembles vécus et prolongés collectivement. Les innovations éphémères

Planche 20. Symboles de maîtrise du temps : le monument s'aligne sur le soleil, les décors varient au fil du jour, la fumée emporte le défunt vers l'éternité.
L'ultime conquête fut cosmique. Les mégalithes (a : Stonehenge, IVe millénaire) sont orientés vers le solstice, comme si c'était le monument lui-même qui provoquait le rythme des saisons. Les bateaux (b : rasoirs de Scandinavie, âge du bronze) changent de forme au fil du jour. Leur axe central, c'est l'horizon, l'axe vertical rejoint celui du cosmos. Aux âges des métaux, les défunts furent incinérés, afin que leur esprit rejoigne les cieux. Les restes carbonisés étaient assemblés dans ces urnes enterrées (c : vase cinéraire, fin du IIe millénaire).

n'ont aucune prise sur notre mode d'observation ; seuls les systèmes durables importent aux yeux de l'historien que nous sommes déjà devenus. Cette pérennité présente au moins l'intérêt de garantir la solidarité du réseau symbolique dans lequel chacune de ses composantes est figée. Un outil, autant qu'une tombe ou qu'un temple, participe toujours d'un tel réseau où il contribue à son équilibre général, selon une formule qu'il nous revient de définir.

Comparées d'un continent à l'autre et observées d'un point suffisamment élevé, les diverses étapes de la préhistoire humaine sont troublantes par leurs analogies structurelles. Cette science est certainement la plus complexe puisque son mécanisme se fonde sur l'abstraction, activée selon le temps. Pourtant, une grande cohérence s'observe dans le déroulement de ces cycles immenses. En matière d'histoire humaine, rien ne semble aléatoire, mais ces règles de fonctionnement atteignent un tel niveau de complexité qu'une vision fragmentaire ne peut les appréhender.

11

Conclusions et perspectives

Comme un apprenti sorcier, l'homme a voulu se rendre maître de la nature. Il n'a fait qu'enclencher un processus par lequel il s'autodétruit et élimine progressivement les autres forces vitales en inféodant son destin biologique à sa seule conscience aveugle et à ses seuls intérêts, l'humanité en vient inévitablement à s'isoler et à détruire l'harmonie originelle dans laquelle elle a longtemps vécu. Toute la préhistoire illustre cette dérive, si universelle et si cohérente qu'elle semble inhérente à la pensée elle-même, considérée dans son activité. Sur la longue durée, tout se passe comme si elle avait forgé sa propre arme autodestructrice à mesure qu'elle élaborait des explications théoriques.

La qualité métaphysique d'une culture, toutes époques confondues, se situe à l'intersection de sa technologie et de sa spiritualité. Un degré de complexité technique s'établit en parallèle à la complexité spirituelle. Cette évidence n'est guère passée dans notre pensée ordinaire en dépit des brillants travaux anthropologiques qui se limitent souvent à couvrir de bonne conscience des mentalités occidentales restées extrêmement sélectives, comme le rappelle le tourisme de masse.

L'absence d'évolution technologique apparente reste interprétée comme un défaut d'évolution totale. Pourtant, la curiosité, la prévision, l'exploration se manifestent d'emblée avec l'humanité la plus ancienne. La souplesse d'adaptation à tous les milieux, même par des moyens techniques simples, indique amplement ces capacités, attestées partout et en tout temps. Pour alimenter l'idée d'un progrès continu *via* la technologie et sa supériorité, certaines inventions ont été qualifiées de « bénéfiques » (agriculture, écriture, machines). À terme, elles se révèlent catastrophiques sur les plans écologique, sanitaire ou culturel, en ce qu'elles engendrent un processus d'autodestruction de l'espèce. Néanmoins, la nécessité de transférer un sens positif à l'aventure humaine pousse à interpréter cette succession dans un sens progressiste et continu. Peut-être une prise de conscience nous permettra-t-elle d'évoluer vers des systèmes de valeurs souples, variables et multiculturels. Un peu comme si nous rejoignions la multiplicité animale qui nous a fait naître mais, cette fois, *via* la spiritualité.

Sous toutes ses formes, la fonction religieuse ou sacrée ne nous a jamais quittés. Du premier défi contre nature lors du premier pas hors de la forêt sans protection jusqu'aux jeux de symboles, de plus en plus nouveaux et souvent emboîtés selon leur raison sociale, c'est la marque de l'humanité. Pas seulement par la simple présence de symboles mais par l'emprise vitale que leurs enchevêtrements ont acquise et sans lesquels, notre espèce, à coup sûr, disparaîtrait.

Le processus biologique s'incruste finement dans ce labyrinthe de symboles qui lui est devenu vital. L'essentiel pourtant échappe à ce schéma : l'émotion. Sonore, plastique, olfactive, sensitive ou simplement ressentie, elle reste sans doute ce que nous partageons le plus avec le monde vivant. Et c'est encore elle qui donne son goût à la vie. Cette prise de conscience nous place devant nos responsabilités.

La préhistoire humaine a donné lieu à des interprétations diverses, s'appuyant sur des agencements de faits incontestables, du caillou à la sépulture, de l'ossement découpé aux plans d'habitat. Chacun, dans son contexte particulier, apporte une pièce au puzzle humain, tels les modes de chasse, l'élaboration des techniques, les distances parcourues, les structures mythiques. Aucun cependant ne touche au fondement de la mécanique évolutive. À quoi bon alors accumuler les observations sans en chercher la signification ?

Au contraire, il nous paraît non seulement légitime mais moralement indispensable de rechercher les causes au-delà de tout phénomène observé. Si, globalement, la gamme des explications théoriques persiste en dépit d'observations en constante modification, c'est évidemment la théorie qui doit être mise en cause, non les faits. Or ceux-ci ne sont « produits » et éventuellement « renouvelés » que par l'audace nécessaire à leur mise en doute. C'est donc par là qu'il faut commencer au lieu de chercher à confirmer ce que l'on croit déjà savoir. Si on admet l'existence d'aussi subtiles relations autogratifiées que celles qu'on observe aujourd'hui dans toute société traditionnelle, nous devons alors en conclure qu'il en était de même dans toute société préhistorique, du grattoir à Lascaux. Une telle cohérence expliquait et justifiait les unités ethniques étendues à l'Europe entière durant des millénaires. C'est donc sur ce point que l'effort théorique doit être porté, et non sur le déterminisme écologique. Le cœur du mécanisme proposé ici tient au seul esprit humain, en perpétuelle quête de novations, de défis, d'audace. Au lieu de plonger dans l'absurdité de phénomènes humains aléatoires, il s'agit de décoder les lois qui ont régi les choix opérés selon une logique rigoureuse. Notre postulat se fonde sur une « anthropologie diachronique », c'est-à-dire selon des structures transposées dans le temps. Si on admet que l'évolution humaine se fonde sur la quête de nouveautés prométhéennes, c'est-à-dire contre la nature et *via* les conflits entre pensée et comportements, alors elle prend un sens car tout milieu (social ou naturel), une fois conquis, se présente lui-même comme le nouveau défi à surmonter.

Aujourd'hui, guerres, révolutions, effets de mode ou réalisations techniques toujours plus poussées ne sont rien d'autre que ce qu'étaient les forêts pour les premiers hominidés, la première chasse, la mise à mort, l'ensevelissement, l'art pariétal, l'agriculture, les temples, l'écriture et la crucifixion d'un dieu fait homme. L'alignement de ces découvertes, précisément parce que leur ordre est immuable et significatif, prouve la parfaite cohérence de l'esprit humain dans ses transformations universelles. La clef de notre histoire (et peut-être sa fin) se trouve là : dans le combat métaphysique perpétuel entre l'homme et lui-même, désormais seul, toute nature asservie.

Plutôt qu'une accumulation de faits élémentaires, quelle qu'en soit la pertinence, nous proposons une clef justificative à toute destinée humaine : sa perpétuelle soif de surmonter les contraintes, qu'elles viennent de lui, biologie incluse, ou du milieu, autres sociétés comprises, voire de son propre passé, devenu contrainte artificielle. De l'outil au mythe, toute l'aventure humaine est contenue dans ce combat, mené essentiellement par l'esprit en perpétuelle insatisfaction.

Si un démiurge devait un jour maîtriser le destin de l'humanité, comme naguère par la physique nucléaire ou le décodage génétique, nul doute qu'il en provoquerait la chute imminente. Pourtant, loin des épidémies, de l'écologie, des armes omnipuissantes, mais par la simple perte d'un idéal, d'une structure métaphysique collectivement partagée par une ethnie planétaire, sa fin serait plus fatale encore. En l'absence de structures de valeurs communes, justifiant collectivement toute innovation et toute raison d'être, cette humanité déboussolée irait aussitôt vers sa chute car elle aurait alors perdu le sens de sa nature : le défi spirituel valorisé collectivement. Aucun autre moteur ne peut en effet expliquer son existence, sa permanence, son évolution.

Si donc, à plusieurs reprises, des primates ont pu s'aventurer avec succès en milieu ouvert, cette étape matérielle a dû être précédée par une maturation spirituelle et collective, au cours de laquelle les armes appropriées ont été conçues et réalisées, les protections artificielles élaborées. Et, surtout, une commune audace a solidarisé cette espèce, bien avant qu'elle s'aventure dans une telle entreprise. Rien n'indique d'ailleurs que cette prise de conscience n'ait eu lieu qu'en une seule occasion et en un seul endroit. On sait par exemple que les australopithèques ont vécu en dehors de la forêt durant des millions d'années. On sait aussi que les hominidés n'en provenaient pas et ont participé à d'autres aventures analogues et aussi durables. La

Chine a suivi les mêmes étapes, avec le *Lufengensis*, le gigantopithèque et la masse innombrable des *Homo erectus* orientaux, depuis au moins 2 millions d'années.

Il n'empêche que, biologiquement comme culturellement, une seule espèce a subsisté jusqu'à nous, sans que son origine ultime soit aujourd'hui définitive, sinon dans les aires tropicales de l'Ancien Monde. Tout le reste de l'histoire humaine est scandé par les produits de ses défis successifs : le feu, la sépulture, l'expansion mondiale, les multiples formes d'art, les structures mythiques, les religions, la sédentarisation, l'agriculture, l'écriture et la guerre. Quelle que soit la région du monde considérée, ces étapes du développement métaphysique se retrouvent à l'identique et ont suivi le même ordre d'apparition. Les multiples variantes ethniques ont défini des traditions régionales marquant ainsi leur identité par rapport aux groupes voisins, voire antagonistes, puisqu'ils représentaient pour chacun la « nature sauvage » qu'il s'agissait à la fois de concilier et de surmonter. Cette distinction jouait ainsi un rôle proprement « vital », au même titre que les éléments naturels, de la voûte céleste à la termitière. Tout phénomène extérieur à la solidarité métaphysique d'un groupe devait prendre une place harmonieuse qui répondait symétriquement à l'organisation interne des fonctions sociales à travers les valeurs définies par leur métaphysique particulière.

Voilà qui explique toute l'histoire de l'humanité sur le plan logique, dynamique et rétroactif. Les innombrables coïncidences, perpétuellement observées entre les évolutions culturelles de tous les coins du monde, en forment l'une des plus brillantes démonstrations : elles ne présentent jamais d'inversion.

L'histoire de l'humanité ne repose que sur sa seule pensée, de l'implosion de Rome aux migrations germaniques, de la Révolution de 1789 à la bombe atomique. Si la pensée est ainsi le moteur de notre évolution, alors le processus est d'une implacable logique et d'une lumineuse cohérence. Tôt ou tard, l'expression verbale devait s'imposer, chez tous les hominidés, pour véhiculer leurs pensées ; l'image devait remplacer le vestige animal ; l'homme devait s'identifier aux forces naturelles et les religions monothéistes devaient s'imposer à la fin de cette course vers l'orgueil absolu et contre tout déterminisme. Les pensées philosophiques et scientifiques, aujourd'hui, fonctionnent sur le même mode radical que naguère l'absolutisme religieux, car elles excluent, ou pire encore, tentent d'expliquer les aspirations les plus profondes de la nature humaine : l'art, la poésie, la musique, la beauté, l'amour, la transcendance, la tolérance ou, tout simplement, l'amitié et l'estime.

Si l'avenir ne réintroduit pas des valeurs individuelles, des mystères sacrés, en leur laissant une totale liberté, en les réduisant par exemple aux jeux absurdes de la rationalité neurologique et moléculaire, alors elle court droit à sa perte, d'abord morale, puis physique. Que nous apporterait de « comprendre » la magie d'une fugue de Bach ou d'un poème de Baudelaire si leur émotion en était extraite ? La part essentielle de l'humanité tient à son perpétuel émerveillement, à la source de son bonheur, aux mystères de ses origines que le déterminisme dégrade, détruit et pervertit. Apprendre à connaître revient donc à apprendre à aimer, car la finesse d'appréhension enrichit la saveur. Mais pour vouloir savoir, une force pousse l'humanité vers l'inconnu et cette puissance n'a de rationnel que son prétexte : sa justification dans le monde où elle sera gratifiée. L'aventure humaine se joue là, dans un balancement entre l'intuition et la démonstration. La quête de l'harmonie en constitue le moteur, soit dans l'audace, soit dans l'adéquation entre l'interrogation et la théorie proposée.

L'histoire humaine balance perpétuellement entre l'appel d'un inconnu qui vient défier la pensée et des réalisations qui lui apportent un confort provisoire. Cette alternance se retrouve aussi bien dans les domaines techniques que dans le religieux. En avoir conscience aide à asseoir le jugement quant aux décisions à prendre. Négliger ce rythme revient à s'en rendre esclave. Étalée sur le long terme, la préhistoire humaine fournit des moyens puissants à cette réflexion qu'une approche trop contextuelle affaiblit. Considérés sur le long terme, ces processus manifestent une cohérence cyclique où alternent l'audace et le conformisme. Le premier homme enterré par ses proches, la première image figurée, l'invention du premier dieu ont dû choquer les traditions où ils furent tentés. Mais leur rapide intégration au bagage des coutumes définitivement modifiées démontre leur opportunité car ils incarnent le progrès. Parmi bien d'autres, ces découvertes ont ouvert de nouveaux destins. L'espoir engendré a permis provisoirement de maîtriser le déroulement du temps en établissant un après, là où nous allons, et un avant, là où d'autres sont restés. Aux sources de la dynamique historique, ce mouvement semble sans fin, tout appel au dépassement perpétuel s'inscrit au cœur même des sociétés humaines. Si leur immense histoire ancienne a pu éclairer certains aspects de cette mécanique universelle, elle aura alors conquis sa place auprès des autres sciences humaines.

Références bibliographiques

ACHARD Pierre, CHAUVENET Antoinette, LAGE Elisabeth, LENTIN Françoise, NÈVE Patricia, VIGNAUX Georges, *Discours biologique et ordre social*, Paris, Seuil, 1977.

BIBIKOV Sergei, *Le Plus Vieux Ensemble musical en os de mammouth. Mézine*, Kiev, Académie des sciences de l'Ukraine, 1981.

BINDON Peter, RAYNAL Jean-Paul, SONNEVILLE-BORDES Denise de, « Sagaies en bois d'Australie occidentale. Fabrication, fixation, fonctions », *in* STORDEUR D., *La Main et l'Outil. Manches et emmanchements préhistoriques*, Lyon, *Travaux de la Maison de l'Orient*, 1987, n° 15, p. 103-116.

BOËDA Éric, GRIGGO Christophe, HOU Ya-Mei, HUANG Wanpo-B., RASSE Michel, « Données stratigraphiques, archéologiques et insertion chronologique de la séquence de Longgupo », *L'Anthropologie*, 2011, 115, p. 40-77.

BORDES François, *Le Paléolithique dans le monde*, Paris, Hachette, 1966.

BOURDIEU Pierre, *Méditations pascaliennes*, Paris, Seuil, 1997.

BRADSHAW John, *Évolution humaine. Une perspective neuropsychologique*, Paris, De Boeck (adaptation M. Otte), 2003.

BURKHARDT Richard, *Patterns of Behavior, Konrad Lorenz, Niko Tinbergen and the founding of Ethology*, Chicago, University of Chicago Press, 2005.

CASSIRER Ernst, *La Philosophie des formes symboliques*, Paris, Minuit, 1972.

Catalogue, Staatliche Museen Preussischer Kulturbesitz Berlin, Museum für Völkerkunde, 1970.

CATLIN George, *Les Indiens de la Prairie. Dessins et notes sur les mœurs, les coutumes et la vie des Indiens de l'Amérique du Nord par George Catlin 1796-1872*, Club des Librairies de France, 1959.

CAUVIN Jacques, *Les Premiers Villages de Syrie-Palestine du IXe au VIIe millénaire avant J.-C.*, Lyon, Maison de l'Orient, 1976.

CAUVIN Jacques, *Naissance des divinités. Naissance de l'agriculture. La Révolution des symboles au Néolithique*, Paris, CNRS Éditions, 1994.

CAUVIN Jacques, *Religions néolithiques de Syro-Palestine*, Lyon, Maison des sciences de l'homme, 1972.

CERTEAU Michel de, *L'Écriture de l'histoire*, Paris, Gallimard, 1975.

COPPENS Yves, *Le Singe, l'Afrique et l'Homme*, Paris, Hachette, 1983.

DAUVOIS Michel, « Les témoins sonores paléolithiques, extérieurs et souterrains », *in* OTTE Marcel (éd.), *Sons originels. Préhistoire de la musique*, Liège, ERAUL, 1994, n° 61.

DEMARS Pierre-Yves, « Les colorants dans le Moustérien du Périgord. L'apport des fouilles de F. Bordes », *Bulletin de la Société préhistorique Ariège-Pyrénées*, 1992, 47, p. 185-194.

ECO Umberto, *Trattato di semiotica generale*, Milan, Bompiani, 1975.

ELIADE Mircea, *Histoire des croyances et des idées religieuses*, Paris, Payot, 1976.

FERRET Carole, *Une civilisation du cheval. Les usages de l'équidé de la steppe à la taïga*, Paris, Belin, 2009.

GERMONPRÉ Mietje, HÄMÄLÄINEN Riku, « Fossil bear bones in the Belgian Upper Paleolithic : The possibility of a proto bear-ceremonialism », *Arctic Anthropology*, 2007, vol. 44, n° 2, p. 1-30.

GROUPE MU, ÉDELINE Francis, KLINKERBERG Jean-Marie, MINGUET Philippe, *Traité du signe visuel. Pour une rhétorique de l'image*, Paris, Seuil, 1992.

HOWELLS William W., « The distribution of man », *Scientific American*, 1960, p. 3-11.

JAUBERT Jacques, « L'"art" pariétal gravettien en France : éléments pour un bilan chronologique », *Paléo*, 2008, n° 20, p. 439-474.

KEELEY Lawrence H., « The utilization of lithic artifacts », *in* SINGER Ronald, GLADFELTER Bruce G., WYMER John J., *The Lower Paleolithic Site at Hoxne, England*, Chicago, Univerity of Chicago Press, 1993, p. 129-137.

KLIMA Bohuslav, *Dolni Vestonice*, Prague, Nakladatelstvi, Ceskoslovenske Akademie Ved, 1963.

GIMBUTAS Marij, *The Civilization of the Goddess*, San Francisco, Harper, 1991.

LAMBERT Gérard, *La Légende des gènes. Anatomie d'un mythe moderne*, Paris, Dunod, 2003.

LEROI-GOURHAN André, *L'Homme et la Matière*, Paris, Albin Michel, 1943.

LEROI-GOURHAN André, *Les Religions de la préhistoire*, Paris, PUF, 1964.

LEROI-GOURHAN André, *Le Geste et la Parole*, Paris, Albin Michel, 1964-1965.

LEROI-GOURHAN André, *Préhistoire de l'art occidental*, Paris, Mazenod, 1968.

LÉVI-STRAUSS Claude, *La Pensée sauvage*, Paris, Pocket, 2009.

LÉVI-STRAUSS Claude, *La Potière jalouse*, Paris, Plon, 1985.

LIEBERMAN Philipp, *The Speech of Primates*, Paris, Mouton, 1972.

MALRAUX André, *Écrits sur l'art*, Paris, Gallimard, « Bibliothèque de la Pléiade », 2004.

McPHERRON Shannon *et al.*, « Evidence for stone-tool assisted consumption of animal tissues before 3,39 millions years ago at Dikika, Ethiopia », *Nature*, août 2010, 466, p. 857-860.

MELLAART James, *The Neolithic of the Near East*, Londres, Thames and Hudson, 1975.

MORIN Edgar, *Le Paradigme perdu : la nature humaine*, Paris, Seuil, 1973.

MORIN Edgar, PIATTELI-PALMARINI Massimo, *L'Unité de l'homme*, Paris, Seuil, 1974.

OTTE Marcel, *Préhistoire de la Chine et de l'Extrême-Orient*, Paris, Errance, 2010.

PELLEGRINI Béatrice, *L'Ève imaginaire. Les origines de l'homme, de la biologie à la paléontologie*, Paris, Payot, 1995.

PERROT Jean, « Le gisement Natufien de Mallaha (Eynan) Israël », *L'Anthropologie*, 1966, 70, p. 437-484.

PÉTREQUIN Pierre, PÉTREQUIN Anne-Marie, *Écologie d'un outil : la hache de pierre en Irian Jaya*, Paris, CNRS Éditions, 2000.

SOJCHER Jacques, *L'Humanité de l'homme*, Paris, Éditions Cercle d'Art, 2001.

TINLAND Frank, *L'Homme sauvage*, Paris, L'Harmattan, 2003.

THIEME Hartmut (éd.), *Die Schöninger Speere. Mensch und Jagd vor 400.000 Jahren*, Stuttgart, Theiss, 2007.

ULLRICH Herbert, « Totenriten und Bestattung im Paläolithikum », *in* KEILING H., HORST F., *Bestattungswesen und Totenkult*, Berlin, Akademie Verlag, 1991, p. 23-34.

Remerciements

Tous mes remerciements pour leurs encouragements, leurs conseils judicieux, et leur constante amitié à Jean-Paul Forest, Jean-Pierre Mohen, Jean-Luc Fidel, Pierre Noiret, Edmond Blattchen, Marian Vanhaeren, Aurélien Simonet, et la fée, Carole Hardy (mais les éventuelles erreurs leur reviennent aussi...).

Table

Imprimé par Lightning Source France
1 avenue Gutenberg
78310 Maurepas

N° d'édition : 7381-2799-Y